中老年人

学电脑

马莲莲 许嚣嚣 编著

中国水利水电出版社
www.waterpub.com.cn

内 容 提 要

本书详细讲述了中老年人学电脑的基本知识及应用，主要内容包括电脑基础知识、汉字输入法、电脑家庭办公、网上娱乐与聊天、数码照片简单处理和管理、网上信息服务、工具软件、电脑安全维护等方面的知识。

本书是专门为中老年人电脑培训精心编写的教材，同时还可以作为广大电脑初级、中级培训班的教材。

图书在版编目（ＣＩＰ）数据

中老年人学电脑 / 马莲莲，许嚣嚣编著. -- 北京：
中国水利水电出版社，2011.8
ISBN 978-7-5084-8937-7

Ⅰ. ①中… Ⅱ. ①马… ②许… Ⅲ. ①电子计算机—
基本知识 Ⅳ. ①TP3

中国版本图书馆CIP数据核字(2011)第170662号

书　　名	中老年人学电脑
作　　者	马莲莲　许嚣嚣　编著
出版发行	中国水利水电出版社
	（北京市海淀区玉渊潭南路 1 号 D 座　　100038）
	网址：www.waterpub.com.cn
	E-mail：sales@waterpub.com.cn
	电话：（010）68367658（营销中心）
经　　售	北京科水图书销售中心（零售）
	电话：（010）88383994、63202643
	全国各地新华书店和相关出版物销售网点
排　　版	北京民智奥本图文设计有限公司
印　　刷	北京瑞斯通印务发展有限公司
规　　格	184mm×260mm　　16 开本　　15.25 印张　　274 千字
版　　次	2011 年 8 月第 1 版　　2011 年 8 月第 1 次印刷
印　　数	0001—3000 册
定　　价	24.60 元

前　言

　　随着社会的发展，电脑和网络已经走进千家万户，如今学习和使用电脑已突破了年龄界限，电脑不仅是年轻人的爱好，很多中老年人也开始接触和学习电脑了。笔者在社区大学讲了 4 年中老年学电脑培训班课程，接触了几百名学习电脑的中老年人，在与他们的交往中，深深地了解到他们有着学习电脑知识的迫切愿望，中老年人通过学会电脑大大丰富了他们的晚年生活，增加了生活情趣，开阔知识视野，使他们的身心更加健旺，学电脑已成为中老年朋友的新时尚。

　　针对中老年学电脑所必需的应用需求，结合中老年人的学习习惯，根据我们多年教学实践编写了本教材，将操作步骤详细列出，让初学者可以一步一步地操作，由浅入深、循序渐进，通过图文并茂的方式讲解中老年人学习电脑的各种应用方法。使学习不再枯燥，使中老年人轻松愉快、兴趣盎然地进入电脑应用的天地。

　　本书共分为 12 章。第 1 章主要讲解电脑的用途及电脑的基础知识，包括电脑各硬件的功能、鼠标和键盘的使用以及电脑的启动和关闭等；第 2 章主要讲解 Windows XP 的基本知识，包括桌面及窗口的操作等，还介绍了文件与文件夹的管理，Windows XP 的常用附件；第 3 章主要讲解汉字输入法的相关知识，包括常用输入法、金山打字通练习使用；第 4 章主要讲解 Internet 的相关知识，包括打开和浏览网页、网上搜索与下载使用；第 5 章主要讲解使用 QQ 聊天的相关知识，包括 QQ 软件下载、安装和使用；第 6 章主要讲解在网上看视频的相关知识，包括网上看电影、看电视、玩游戏等；第 7 章主要讲解如何发送电子邮件的相关知识，包括免费邮箱申请、邮件的收发；第 8 章主要讲解了 Office 2003 软件的相关知识，包括 Word 和 Excel 帮助家庭办公的使用；第 9 章主要讲解在电脑中浏览和简单处理照片的相关知识，包括将数码相片导入电脑并利用软件进行查看、修饰、制作电子相册等；第 10 章主要讲解了使用电脑帮助中老年人解决各种生活难题的相关知识，包括网上天气预报、网上交通、网上炒股、网上购物、网上寻医问药等；第 11 章主要讲解了各种实用电脑工具的相关知识，包括文件压缩工具、音频播放软件千千静听、视频播放软件暴风影音、翻译软件金山词霸、文件阅读工具 Adobe Reader、下载工具迅雷的使用；第 12 章主要讲解了电脑日常维护的相关知识，包括电脑的优化和病毒查杀软件 360 的使用。

由于策划、组织、编写时间紧，加之我们的水平有限，书中难免有错误和不妥之处，恳请广大读者和同行给予批评和指正，以便我们今后在教学中不断改进。

编者

2011 年 5 月

目　录

第1章 新生活从认识电脑开始

随着时代的发展，电脑和网络已经走进千家万户，如今电脑不仅是人们的工作助手和娱乐伙伴，也成为很多人的精神寄托。现在学习和使用电脑已突破了年龄界限，一些老年朋友也学会了通过电脑来学习知识、了解世界、排遣寂寞，学电脑已成为老年朋友生活里的新时尚。

1.1 了 解 电 脑

虽然在我们的日常生活中对电脑已耳闻目睹，但很多老年朋友并不完全清楚电脑是何物，如何使用，因此往往在面对电脑时会有无从下手的感觉。下面就来认识电脑，了解它能够为我们做些什么。

1.1.1 认识电脑

电脑就是计算机的俗称，又称微机。它是一种用途非常广泛，能够接收、加工、储存和传递信息的电子设备。这里所说的电脑一般是指个人电脑（简称 PC），它通常分为台式电脑、笔记本电脑和掌上电脑三种。

1. 台式电脑

台式电脑相对来说体积和质量都是最大的，这个电脑适用于不经常移动的环境，比如办公室、网吧、学校机房，还有其他的场合如公共场所等。台式电脑使用范围最广，它通常由主机、显示器、键盘、鼠标等部分组成，如图 1-1 所示。

2. 笔记本电脑

笔记本电脑又称为手提电脑，它的功能和特征与台式电脑类似，但具有体积小、重量轻、便于携带、可户外使用等特点，使移动办公成为可能，因此越来越受用户推崇，它的主要部件放置在手提式机箱内，如图 1-2 所示。

3. 掌上电脑

掌上电脑又称为 PDA，是一种比笔记本电脑还要小的电脑，大小与我们所用的手机相似，性能和功能不能和台式电脑和笔记本电脑相比，但是由于其方便性，还是深受部分爱好者的支持。掌上电脑的外围助理功能丰富，应用简便，可以满足日常的大多数需求，比如看书、游戏、字典、学习、记事、看电影等一应俱全，如图 1-3 所示。

图 1-1　　　　　　　　　　图 1-2　　　　　　　　　图 1-3

1.1.2　电脑能做什么

随着科技的发展，电脑现代化日益普及，越来越多的老年人融入网络时代已成趋势。电脑的使用已经深入生活学习的各个领域，老年朋友可以用电脑来增加自己的知识，解决晚年的孤独，让自己的老年生活多一份寄托。学电脑、会打字、能上网是现代老年人适应社会转变，享受现代化信息生活的一种时尚追求。

1. 上网

通过网络，我们能获得丰富的资源，搜索到我们想要得到的信息，并且不受时空限制，方便快捷。例如在网上可以短时间内查阅最新时事新闻、查看股票行情、阅读书报、查询健康养生信息、查询交通路线和天气状况；可以在网上与亲朋好友聊天、收发电子邮件；可以发帖、建博客。通过网上论坛、博客可以各抒己见、畅所欲言。

此外，操作电脑时既要动手也要动脑，有助于活跃脑部机能、增强智力、延缓脑衰；通过上网了解各方面的信息，开阔了视野、增长知识，使老年朋友的生活将变得更加丰富多彩；学习电脑还可以增进老年朋友与青年人互相学习，交流信息。

2. 看电影听音乐

老年朋友可以利用电脑听歌、看碟、看电影、看电视剧。这些操作可以坐在自己的家里在电脑上完成，也可以通过网络来完成，形式多样，其乐无穷，让老年人也感受一下现代文明的方便。

3. 玩游戏

电脑游戏具有健脑和娱乐两大功能。中老年朋友可以根据个人爱好，在网上打牌、下棋，或玩其他益智游戏，给中老年朋友的生活带来很多快乐。

4. 查看照片制作电子相册

外出旅游回来后，可以将数码相机中的照片导入电脑，利用电脑进行查看，还可将所拍摄的数码照片制作成美观时尚的电子相册，边欣赏边享受创作带来的乐趣。

5. 家庭办公

虽然老年朋友大多数已经不再参加工作了，但日常生活中也常常会需要文书写作、家庭开支管理等办公活动。利用电脑中的 Microsoft Office 办公软件，可以记录美观工整的文档或电子表格，不仅可以随时查看、修改和使用，而且还可以将其多次打印，显著地提高工作效率。

1.2　认识电脑的组成

电脑系统分为硬件和软件两大部分，硬件相当于人的躯体，而软件相当于人的灵魂。

1.2.1　电脑的硬件

一般的电脑都是由主机、输出设备（显示器）、输入设备（键盘和鼠标）三大件组成。

1. 键盘

键盘是最常用也是最主要的输入设备，用户可以通过键盘输入中文、英文字符、数字、标点符号等信息，对电脑进行各种操作。

2. 显示器

显示器是主要的输出设备，它可以显示系统界面、系统提示以及程序运行的状态和结果。主要分为 CRT 显示器 [图 1-4（a）] 和液晶显示器 [图 1-4（b）] 两类，如图 1-4 所示。

（a）

（b）

图 1-4

3. 鼠标

鼠标是电脑最基本也是使用频率最高的输入设备，使用它可以在显示屏幕上精确选择或定位，能方便、准确、快速地进行各种操作。

4. 音箱

音箱是电脑的音频输出设备，它可以播放电脑中的电影、音乐等有声信息。

5. 主机

主机是电脑的核心部分，电脑的很多重要部件都在主机中，如硬盘、内存、CPU（中央处理器）等。机箱的前面面板上有主机的电源开关、各种指示灯和光盘驱动器等，如图 1-5 所示。

主机机箱的背面可以看到主机的电源及各种设备接口，电脑上不同的设备，接口在大小和形状上都有一些差别，如图 1-6 所示。

图 1-5　　　　　　　　　　图 1-6

1.2.2　电脑的软件

软件一般分为系统软件和应用软件两类。

（1）系统软件：系统软件用于管理计算机资源，并为应用软件提供一个统一的平台。如 Windows 2000、Windows XP、Windows 7 等。

（2）应用软件：应用于特定领域中的某些具体软件，如财务报表软件、数据库应用软件、Word 和各种杀病毒软件等。

1.3　轻松使用电脑

1.3.1　启动电脑

开始使用电脑前，首先要启动电脑，也就是常说的开机。在确保电脑的各个设备都接通电源后，开机的步骤如下。

（1）打开显示器电源开关，如图 1-7 所示。

（2）按下主机上的电源开关，电脑会自动初始化，然后启动系统，如图 1-8 所示。

图 1-7　　　　　　　　　　　　　　　　　　图 1-8

（3）系统启动完毕后自动进入系统，如果设定密码，则需在输入正确密码后才能进入系统，其过程如图 1-9 所示。

图 1-9

1.3.2　关闭电脑

当不再使用电脑时，需要关闭电脑。在关闭电脑前，要确保关闭所有应用程序，这样可以避免一些数据的丢失，具体操作如下。

（1）首先单击屏幕左下角【开始】按钮，然后在弹出的开始菜单中单击【关闭计算机】，如图 1-10 所示。

（2）在弹出的【关闭计算机】对话框中单击【关闭】即可关闭电脑，如图 1-11 所示。

图 1-10　　　　　　　　　　　　　　　　图 1-11

1.3.3　重新启动和注销电脑

（1）按照前面的方法打开【关闭计算机】对话框，然后单击【重新启动】按钮即可重新启动。

（2）首先单击【开始】按钮，然后在弹出的开始菜单中单击【注销】，最后在弹出的【注销 Windows】对话框中根据需要选择相应选项即可。

1.3.4　鼠标的使用

鼠标是电脑不可缺少的输入设备，通过它，可以完成电脑的大部分操作。我们应学习正确的使用方法，养成良好的使用习惯。

1．鼠标的构成

目前主流的鼠标为三键鼠标，由左键、右键、滚轮组成，如图 1-12 所示。

2．鼠标握持的正确方法

食指和中指自然地放置在鼠标的左键和右键上，拇指横放在鼠标的左侧，无名指与小指自然放置在鼠标的右侧，如图 1-13 所示。手掌轻贴在鼠标的后部，手腕自然垂放于桌上。

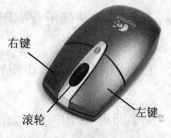

图 1-12

图 1-13

3.　鼠标的基本操作

鼠标的基本操作包括移动、单击、双击、右击、选取和拖动。

（1）鼠标的移动：按照前面讲过的鼠标的握持方法正确握住鼠标，在桌面或鼠标垫上移动。此时，电脑中的指针也会做相应移动。

（2）鼠标的单击：当鼠标指针移动到某一操作对象时，用食指按下鼠标左键，然后快速松开，对象被单击。该操作主要用来选定目标对象，选取文件或菜单等。

（3）鼠标的双击：用食指快速地按下鼠标左键两次，注意两次按下鼠标左键的间隔时间要短。该操作主要用来打开文件、文件夹或运行应用程序等。

（4）鼠标的右击：右击即为单击鼠标右键，用中指按下鼠标右键即可。该操作主要用来打开某些右键菜单或快捷菜单。

（5）鼠标的选取：单击鼠标左键，并按住不放，这时移动鼠标会出现一个虚线框，最后释放鼠标左键。这样在该虚线框中的对象都会被选中。该操作主要用来选取多个连续的对象。

（6）鼠标的拖动：将鼠标移动到要拖动的对象上，按住鼠标左键不放，然后将该对象拖动到其他位置后再释放鼠标左键。该操作主要用来移动图标、窗口等。

（7）滚轮的操作：当屏幕上的内容足够多，一个屏幕显示不下的时候。用食指向前或向后拨动，屏幕上显示的内容将上下滚动，如果滚轮向上滚动，电脑屏幕上面的内容就会显示出来。

4.　鼠标练习

电脑在 Windows 操作系统中附带有几个游戏小程序，玩这些游戏时都要用鼠标来进行，因此可以通过游戏来练习鼠标的使用。首先，启动这些游戏程序就要单击打开【开始】菜单、用移动指针来选定选项、用单击选项来输入命令。在玩【纸牌】游戏时需要用单击或双击来操作纸牌，用拖曳来移动纸牌。前面所述的鼠标的基本操作都能得到应用，玩过几次后，操作鼠标就一定会熟练起来，而且还很有趣。如果想玩纸牌游戏，具体方法操作如下。

（1）单击屏幕左下角【开始】按钮，打开【开始】菜单。

（2）指针指向【开始】菜单中的【所有程序】，打开【程序】菜单，

（3）水平移动指针进入【程序】菜单，指向子菜单中的【游戏】，打开【游戏】子菜单。

（4）水平移动指针进入【游戏】子菜单，指向子菜单中的【纸牌】，如图 1-14 所示。

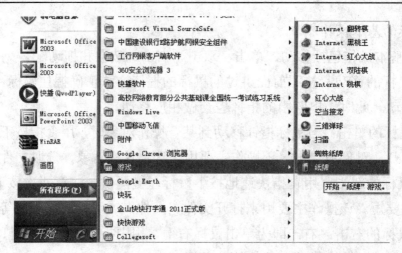

图 1-14

（5）单击打开【纸牌】游戏，如图 1-15 所示。纸牌游戏的窗口中间是一个"发牌区"，"发牌区"中排列了已经发出的 7 叠牌，从左到右 7 叠牌的张数依次是1、2、3、4、5、6、7 张，面上一张牌是翻开的；左上角有一叠没行发出的牌：右上角有个"发牌区"用来放置 4 种不同花色的牌。

图 1-15

游戏规则如下：

（1）对"发牌区"中已经翻开的牌双击可以把牌移动到"花色区"，但一个"花色区"只能放置同一种花色的牌，还必须从 A 到 K 顺序排列的四套花色牌叠。

（2）可以把"发牌区"中已经翻开的牌，用鼠标拖曳的方法，拖到另一叠的位置上去，但必须从大到小依次叠放，且要红黑相间。

（3）在"发牌区"已经叠放好的牌可以用指针指向其中最大的牌，然后用鼠标拖曳到另一叠，但也要符合第（2）条的规定。

（4）在"发牌区"中的每一叠牌上，移走了翻开的牌，可以单击露出的没有翻开的牌，把它翻开。

（5）如果"发牌区"中的某一叠牌已经全部移走，留下的空档可以用拖曳的方法把已经翻开的牌移过来。

（6）当"发牌区"中已经翻开的纸牌不能再移动时，可以单击发上角未发出的牌，翻开它，标准形式是翻开三张牌，只有最上面的一张可以像"发牌区"中翻开的牌一样予以移动。

（7）当未发的牌已经全部翻开，已翻开的牌又不能再移动时，可以认为游戏告一段落，可以看看窗口右下角显示的积分。

（8）单击窗口菜单栏中"游戏"，打开"游戏"菜单，单击其中的"发牌"，重新发一次牌，可以继续再玩。

1.3.5　键盘的使用

键盘是电脑最常用的输入设备，使用者通常直接通过键盘操作与电脑打交道。因此，在使用电脑前应首先认识键盘，了解其键的分布情况，掌握基本操作。

1. 键盘的组成

键盘通常由功能键区、主键盘区、编辑键区、辅助键区和状态指示区组成，如图 1-16 所示。

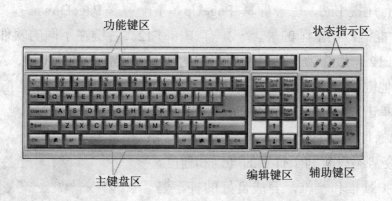

图 1-16

（1）字母键：字母键为主区中部 A～Z 的 26 个键。字母键只标出大写字母，但当按下键时，却显示出小写字母。要打出大写字母，先按住 Shift 键不放，再按相应的字母键。

　　如果要连续打出大写字母，总是按 Shift 键就会很麻烦。这时可以先按一下 CapsLock 键，这时所有的字母键全部变成大写了。打完后，再按一下 CapsLock 键，又可以还原了。

　　（2）符号键：键盘上除了字母键以外的单个字符键均为符号键。符号键上一般标有两个符号：正常显示为键上两个字符中的下面一个字符，按 Shift 键不放，再按相应的字母键，则显示上面一个字符。

　　（3）空格键：空格键是键盘最下一行的一个大长键。空格键除了可以输入空格外，还可以把光标右边的字符向右移。

　　（4）回车键（Enter）：回车键主要用于换行。按下回车键，就在光标处向下开一个新行，光标移到新行的第一个位置。回车键还在许多程序中作为确认的信号。

　　（5）退格键：形如←，有的键盘上还有 Backspace（英文退格的意思）。退格键用于删除和左移。按下退格键，光标的左边一个字符就被删除，而光标右边的所有字符都向左移动一个位置。如果光标处在一行的第一个位置（行头），按下退格键，光标将退到上一行的最后一个位置（行尾），光标所在的那一行也将移到上一行。

　　（6）Del 键（Delete）：按下 Del 键，光标右边的字符将被删除。如果光标在行尾时按下 Del 键，下一行将移到本行光标后。Del 键有时写作 Delete 键。

　　（7）Tab 键：又称制表键。按一下光标前进到规定的制表位上。

　　（8）光标移动键：有上键（↑）、下键（↓）、左键（←）、右键（→）、行头键 Home、行尾键 End、上一屏幕 PageUp、下一屏幕 PageDown。

　　（9）功能键：在主区的最上一排有 F1～F12。各键在不同的软件中有不同的用处。F1～F12 一般作为帮助键使用。在主区下部还有 Shift、Ctrl、Alt 键。这 3 个键是和其他键配合使用的，如 Ctrl+C（复制功能，Ctrl+C 操作是指按住 Ctrl 键不放同时再单击 C 键），Ctrl+Alt+Del（热启动，可不要随便尝试）。

　2. 键盘操作正确姿势

　　正确的姿势不仅有利于打字的准确和速度，也有助于保护颈椎和腰椎，养成良好的打字姿势很重要。正确的姿势应该是：身体端正，两脚平放，腰要挺直，身体可微向前倾，上臂和肘靠近身体，下臂和腕向上倾斜，手指轻轻地放在规定的键上，身体与键盘的距离保持约20cm，如图1-17所示。

图 1-17

3．键盘的使用

正确的键盘使用方法能大大提高效率，同时也有利于身心健康。

（1）基准键与手指的对应关系。基准键位于键盘的第二行，分别为 A、S、D、F、J、K、L、";"八个键。将左手小指、无名指、中指、食指分别置于 A、S、D、F 键上，左手拇指自然向掌心弯曲；将右手食指、中指、无名指、小指分别置于 H、J、K、L ";" 键上，右手拇指轻置于空格键上，如图 1-18 所示。输入过程中手指始终应置于基准键上。键盘指法分工八个基准键位与手指对应关系必须掌握好，否则基准键位不准，将直接影响其他键的输入，输入的错误信息就会非常多。键盘指法分工如图 1-19 所示。

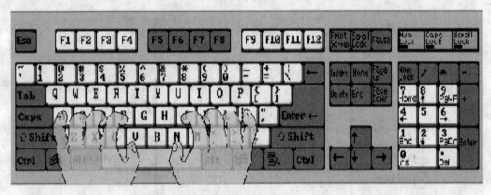

图 1-18

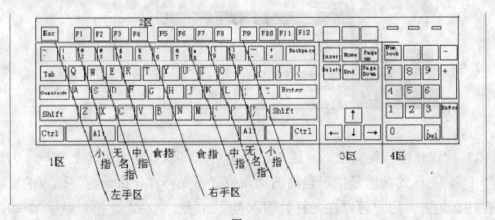

图 1-19

（2）击键要点。手腕要平直，手臂要保持静止，全部动作仅限于手指部分。手指要保持弯曲，稍微拱起，指尖后的第一关节微成弧形，分别轻放在字键的中央。输入时手抬起，只有要击键的手指才可伸出击键，击毕立即缩回到基准键位，不可停留在已击的键上。输入过程中，要用相同的节拍轻轻地击键，不可用力过猛。右手大拇指横着向下一击空格键并立即回归，每击一次输入一个空格。右手小指击一次 Enter 键，击后右手小指略弯曲迅速回原基准键位。

4. 键盘练习

为了能够输入文字进行键盘练习，首先来学习 Windows 中一个简单的文本文件编辑器——记事本。"记事本"是 Windows 中一个基本的文本编辑器，它可用于编辑简单的文档或创建网页。文本文件只包含文字字母和数字等字符，不包含图片和复杂的格式信息。它的优点是占用内存空间少、运行速度快、使用方便。

（1）启动记事本操作步骤为：首先单击【开始】菜单，然后依次单击【所有程序】→【附件】→【记事本】，打开记事本程序，如图 1-20 所示。

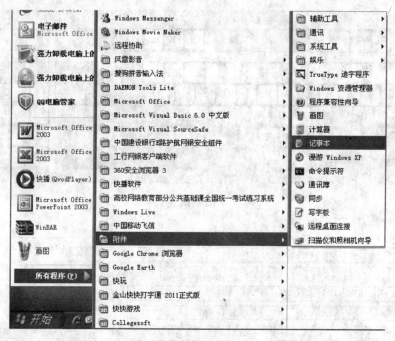

图 1-20

（2）认识光标与英文录入。进入记事本后，可以看到编辑区上有一个闪烁的光标"｜"。光标的功能是指示当前的输入位置。光标在什么地方，输入的文字就出现在什么地方。用户可以在光标处输入英文 a～z、A～Z 字符、数字 0～9，也可以输入汉字等，在一段文字的输入中，遇到行尾写字板会自动换行。如果需要换段，可按 Enter 键结束本段文字的输入，另起一行开始下段文字的输入。当输入的行数超过窗口大小时，记事本窗口自动向上滚动，如图 1-21 所示。

（3）调整文字格式。虽然记事本中没有太多的文档格式，但是它还是可以对字体和大小进行简单设置，其操作如下：

1）单击记事本菜单栏上的【格式】选项，然后在弹出的下拉菜单中选择【字体】，如图 1-22 所示。

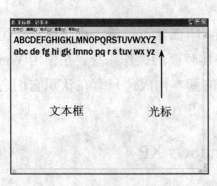

图 1-21

图 1-22

2）在弹出的【字体】对话框中，可以选择【字体】、【字型】、【大小】等，设置好后单击【确定】按钮可以看到改变后的结果如图 1-23 所示。

（4）记事本的退出：

1）单击记事本界面右上角的 ⊠。

2）如出现是因为您所编辑的内容还没有保存，若想保存则单击【是】按钮，进入保存界面；单击【否】按钮退出，如图 1-24 所示。

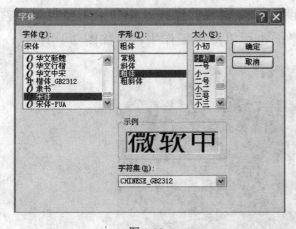

图 1-23

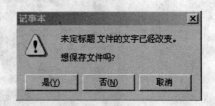

图 1-24

第 2 章　轻松使用 Windows XP

我们在第 1 章对电脑已经有了初步认识，下面就可以进入操作系统使用电脑了，Windows XP 是功能非常强大目前普及率比较高的操作系统。在使用 Windows 操作系统之前，需要了解该系统的操作界面的基本构成，只有在认识它们之后，才能更好地使用电脑。

2.1　了　解　Windows XP

每次电脑启动后，首先运行的就是操作系统，操作系统是电脑中最基本的管理计算机运行的软件。只有操作系统启动后，用户才能运行各种软件，进行其他操作。相比之前的版本，Windows XP 集成了更多的功能并提供了更多的系统工具，使用户的操作更方便快捷，是一款优秀的操作系统。

2.2　认识和操作Windows XP 桌面

打开电脑开关启动操作系统后，映入我们眼帘的便是桌面，桌面是实现电脑与用户之间对话的操作平台，通过它才能够进行相应的操作。桌面上主要有桌面背景、快捷图标和任务栏等内容。这个桌面也可以称为工作平台，如图 2-1 所示。

图 2-1

2.2.1 设置桌面背景

桌面背景就是 Windows XP 操作系统桌面的背景图案，启动 Windows XP 为安装时默认的设置，常见的蓝天白云。可以根据自己的喜好进行修改，如把自己的照片或其他图片作为桌面背景。设置桌面具体方法操作如下：

（1）将鼠标移到桌面上的空白处，右击，在弹出的菜单中选择【属性】命令，打开【显示 属性】对话框，如图 2-2 所示。

（2）在【显示 属性】对话框中，选择【桌面】选项卡，在【背景】列表框中选择一张图片作为墙纸。如果选择的图片没有桌面大，可以从【桌面】选项组中的【位置】下拉列表中选择居中、平铺和拉伸 3 种调整方式进行相应的调整，如图 2-3 所示。

图 2-2

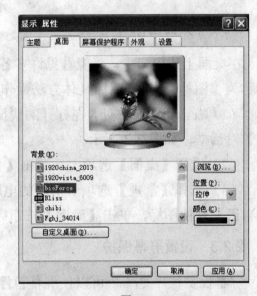

图 2-3

（3）最后单击【确定】按钮完成操作。

（4）如果不喜欢系统现有的背景图片，可以单击【浏览】按钮，如图 2-4 所示。在其他文件夹或驱动器上搜索你喜欢的图片作为背景图片，如图 2-5 所示。在【浏览】对话框中选择想要作为墙纸的图片，然后单击【打开】按钮，最后单击【确定】按钮完成操作。

（5）如果想使用网页上的图片作为背景，可在网页上右击该图片，在弹出的快捷菜单中选择【设为桌面背景】命令即可。

（6）如果想取消桌面背景，只需在【背景】列表中选择【无】即可。

图 2-4

图 2-5

2.2.2　桌面图标

在桌面上或窗口中，总能看见许多各式各样的小图案，这些带有特定意义的图案称为"图标"。设置图标具体方法操作如下：

（1）右击桌面空白处，在打开的快捷菜单中选择【属性】命令打开【显示　属性】对话框，如图 2-2 所示。

（2）选择【桌面】选项卡，单击【自定义桌面】按钮，如图 2-6 所示。

（3）选择【常规】选项卡下面的电脑图标，单击【更改图标】按钮，选择一个自己喜欢的图标，单击【确定】按钮完成设置。

2.2.3　设置屏幕保护

屏幕保护程序是一个可以使屏幕暂停显示的应用程序，它的作用是在一定时间不使用电脑时，隐藏正在操作的界面。它不仅可以节约耗能，也对显示器起到了保护作用。设置桌面屏幕保护具体方法操作如下：

（1）用上面同样方法打开【显示　属性】对话框，选择【屏幕保护程序】选项卡，在【屏幕保护程序】下拉列表中选择一个屏幕保护程序，这里选择【变幻线】选项，如图 2-7 所示。

（2）单击【设置】按钮，打开【变幻线设置】对话框，如图 2-8 所示。在这里可以对变幻线的形状、线段数、颜色等进行设置，完成后单击【确定】返回【显示　属性】对话框。

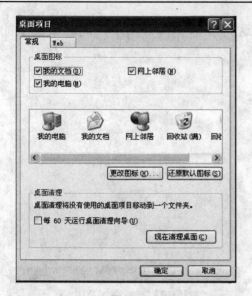

图 2-6

图 2-7

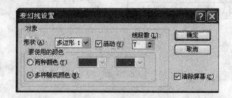

图 2-8

（3）在【等待】数值框中输入等待时间，也可通过单击上三角或下三角按钮来调整数值。最后可以单击【预览】按钮查看屏幕保护程序的效果，满意后单击【确定】按钮完成设置。

设置屏幕保护程序后，如果电脑空闲时间超过设置的时间，屏幕保护程序就会自动启动。要再次进入之前的操作界面，只要稍微移动一下键盘或鼠标，屏幕保护程序就会自动消失。如果勾选了【在恢复时使用密码保护】，则在恢复时需要输入密码才能进入系统，以保护系统资料安全。

2.2.4　设置屏幕分辨率

对于老年人而言，建议将屏幕的显示分辨率调低些，使得屏幕中显示的文字和图标比较大，容易看清。设置屏幕分辨率具体操作步骤如下：

（1）用上面同样方法打开【显示　属性】对话框，选择【设置】选项卡，如图 2-9 所示。

（2）如果想使屏幕区域变得开阔，向右拖动滑块，直至出现【800×600 像素】。调整好以后单击【确定】按钮保存所做设置。跳出如图 2-10 所示【监视器设置】

对话框，单击【是】按钮保存所做设置。这时屏幕变得开阔了，同时桌面上的图标大小看上去也大了许多。

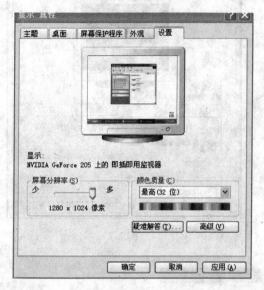

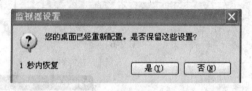

图 2-9　　　　　　　　　　　　　　　　图 2-10

2.2.5　设置任务栏

Windows 桌面下方的长条称为任务栏，启动和控制 Windows 操作系统中的各种应用程序都可以通过它来实现。任务栏由【开始】按钮、快速启动栏、应用程序显示区、状态指示区等部分组成，如图 2-11 所示。

【开始】按钮　　　　　　　　　　　　　　　　　　　任务按钮

【快速启动】工具　　　　　　　　　　　　　　　　状态指示器

图 2-11

1．添加快速启动栏

（1）在任务栏的空白处右击会弹出鼠标右键菜单，在菜单上单击【工具栏】会出现一个子菜单。

（2）在子菜单上单击【快速启动栏】选项，该项前就会被选中，如图 2-12 所示。

（3）此时任务栏上的【开始】菜单按钮后就出现了快速启动栏。

2．日期与时间的设置

（1）双击右下角的时间图标，打开【日期和时间 属性】对话框，如图 2-13

所示。

图 2-12

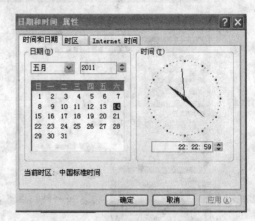

图 2-13

（2）选择【时间和日期】选项卡，可以从月份列表下拉菜单中单击选择所要修改月份，日期的修改单击即可；若要修改年或时间中的时、分、秒，则需要在对应位置单击，设置完成。

2.3　认识和操作窗口

窗口是 Windows XP 中的一个重要概念，几乎所有的操作都离不了窗口。通常所指的窗口，就是指电脑屏幕上的一个矩形区域，可以在窗口中存放、移动文件；还可以在窗口中打开、执行应用程序。

2.3.1　认识窗口外观

在 Windows XP 操作系统中，窗口一般有标题栏、菜单栏、工具栏、工作区域、任务栏、状态栏等。以【我的电脑】窗口为例，介绍【我的电脑】窗口的基本组成，如图 2-14 所示。

1. 标题栏

标题栏位于窗口的顶部，显示窗口名称及图标。最右侧为三个控制按钮 ，第一个是【最小化】按钮，单击【最小化】按钮时，可以使窗口最小化成一个图标显示在任务栏中。中间是【最大化】按钮，单击【最大化】按钮时，可以使本窗口处于最大化状态，同时【最大化】按钮变成了恢复按钮，再次单击此按钮，可以使窗口恢复至原来大小。第三个就是【关闭】按钮，单击【关闭】按钮，则可以将当前窗口关闭，如图 2-15 所示。

图 2-14

图 2-15

2．菜单栏

菜单栏位于标题栏下方，其中存放了当前窗口中的许多操作选项。一般最常见的菜单是【文件】菜单、【编辑】菜单、【查看】菜单和【工具】菜单，分别单击其菜单项也可弹出下拉菜单，从中选择操作命令，根据窗口完成的操作不同，菜单的内容也会发生一些变化，如图 2-16 所示。

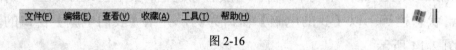

图 2-16

3．工具栏

工具栏位于菜单栏的下方，其中列出了一些当前窗口的常用操作按钮。都是用按钮图标来表示，图标比文字更形象一些，操作也更简便，如图 2-17 所示。

图 2-17

4．任务栏

任务栏位于窗口的左侧，显示了一些常用的操作，可以方便地切换到其他位置，通常分为【系统任务】、【其他位置】、【详细信息】三类。

5．边框和工作区

每个窗口都有四个边，将鼠标移到边上，可以改变窗口的大小，中间就是工作区。

2.3.2　窗口的基本操作

窗口操作是使用电脑时最常用的操作之一，对窗口的操作包括移动、改变窗口大小、窗口的切换等操作。

1．打开窗口

在桌面上双击要打开的对象【我的电脑】 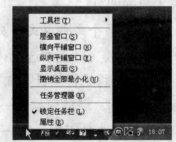，打开【我的电脑】窗口。

2．移动窗口

把鼠标放置在标题栏的空白处，然后按住鼠标左键移动光标即可移动窗口，可以在桌面上任意地摆放窗口。

3．改变窗口大小

将鼠标指向窗口边界，鼠标指针会变为双箭头状 ↔，拖动鼠标，窗口大小随之改变。

4．切换窗口

当打开多个窗口时，就需要通过切操作来找到想要的窗口。可以直接单击桌面任务栏里的应用程序，也可以按组合键 Alt+Tab 在弹出的对话框中切换窗口。

5．窗口排列

在对多个窗口进行操作时，如果需要将多个窗口全部显示在桌面上，可以对窗口进行层叠、横向平铺、纵向平铺等操作。在任务栏空白处右击，在弹出的菜单中即可选择排列方式，如图 2-18 所示。

图 2-18

2.4　管 理 文 件 与 文 件 夹

文件是指存储在电脑系统中的信息文档，平时操作的文档与运行的程序等都属于文件的范畴。文件夹是文件的集合，可以将相关的文件放在同一个文件夹内，以便更好地管理和查看这些文件。

2.4.1　文件和文件夹的简单操作

1．打开文件夹（文件）

（1）常规方法打开文件夹。将鼠标移动到要打开的文件夹上并双击，这个文件夹即被打开。

（2）用右键菜单打开文件夹。

有时并不是双击就能打开文件或文件夹，比如，有时打开文件夹就自动播放，根本看不到文件夹里面的内容。这时，就需要用右键菜单的方法来打开文件夹。右击要打开的文件夹，弹出右键菜单，在右键菜单上选择【打开】项。

2．文件与文件夹的显示方式

在文件夹窗口中有缩略图、平铺、图标、列表和详细信息 5 种不同的显示方式文件和文件夹，通过单击菜单栏上的【查看】按钮下拉菜单，来改变各种不同显示方式。

2.4.2　文件和文件夹的选择

要对文件和文件夹进行操作，必须先选中文件或文件夹。文件或文件夹的选择是我们最常进行的操作之一。

1．选取单个文件或文件夹

选取单个文件或文件夹的操作十分简单，只需将光标移动到要选取的文件或文件夹上单击即可。

2．选取多个文件或文件夹

（1）连续文件夹的选取：

方法一是将光标指针指向需选取连续文件夹的左上角第一个文件夹，拖动鼠标形成矩形方框，释放鼠标，一个矩形文件夹区被选取。

方法二是选中所需的第一个文件夹，然后按住 Shift 键不放，单击要选中文件夹中的最后一个，它们之间的所有文件夹都将被选中。

（2）不连续文件夹的选取：单击选取其中一个文件夹，然后按住键盘上的 Ctrl 键，单击剩余要选中的文件夹。

3．选取全部文件或文件夹

方法一是在按住 Ctrl 键的同时，再按下 A 键。

方法二是单击【编辑】菜单，在弹出的下拉菜单中选中【全部选定】项，该窗口中的所有文件夹全部被选中。

2.4.3 文件和文件夹的建立

在使用电脑的过程中，会经常使用新建文件和文件夹，用户可以根据需要建立不同的文件以分门别类的方式把自己的资料存放在不同的文件夹中。

1. 利用快捷菜单新建文件夹

（1）在桌面上双击【我的文档】图标，打开【我的文档】窗口，如图 2-19 所示。

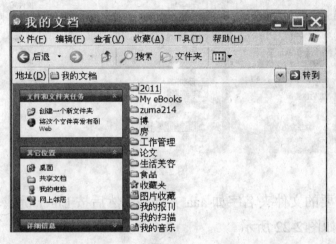

图 2-19

（2）在窗口空白处右击，出现右键菜单。在弹出的右键菜单中选择【新建】项，如图 2-20 所示。

图 2-20

（3）在弹出的菜单中选择【文件夹】选项，这时，窗口中会出现一个名为【新建文件夹】的文件夹，并且该文件夹名称以蓝底白字显示，表示用户可以对其进行命名操作，如图2-21所示。

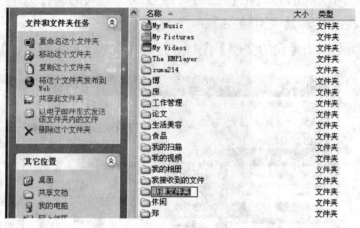

图 2-21

（4）输入需要的文件夹名字如 aaa 文件夹，然后按 Enter 键或单击空白处，文件夹新建完成，如图2-22所示。

图 2-22

2. 利用快捷菜单新建文件

（1）在打开的【我的文档】窗口空白处右击，出现右键菜单。在弹出的右键菜单中依次选择【新建】→【文本文档】选项。

（2）单击【文本文档】，【新建文本文档】文件完成创建。

（3）输入需要的文件名字 123（这里值得特别提醒的是，输入名字的时候千万不要把后面的".txt"改掉），然后按 Enter 键，文件 123 新建完成。

3．利用文件菜单在【我的文档】中新建文件夹

（1）在桌面上双击【我的文档】图标，打开【我的文档】窗口。

（2）单击【文件】菜单，弹出下拉菜单。

（3）在弹出的菜单中选择【新建】项下的【文件夹】命令。

（4）这时窗口里会出现一个文件夹，输入你需要的名字后按 Enter 键。

4．利用任务窗格新建文件夹

（1）在打开的【我的文档】窗口，单击左边任务窗格的【创建一个新文件夹】按钮，这时窗口里会出现一个文件夹。

（2）将这个文件夹命名为你需要的名字，然后按 Enter 键即可。

2.4.4　文件或文件夹移动

在管理文件系统中，经常会把某文件（夹）通过复制备份到另外地方，或者在整理磁盘中需要把某文件（夹）移动到另一个地方保存。下面试着把刚才新建的 123 文件移到 aaa 文件夹中。

1．利用鼠标拖曳移动文件和文件夹

（1）在打开的【我的文档】窗口，单击 123 文件，并按住鼠标左键不放，将文件 123 的图标虚形拖至 aaa 文件夹的名字上方，这时 aaa 名字上会出现蓝色色块。

（2）松开鼠标左键 123 文件就被移到 aaa 文件夹里了。大家会发现原来在【我的文档】里的 123 文件已经不在了。

2．利用右击下拉菜单移动文件或文件夹

（1）打开【我的文档】窗口后，双击 aaa 文件夹，打开 aaa 文件夹，在 123 文件上右击，在弹出的菜单中选择【剪切】。

（2）单击工具栏上的【向上】按钮，回到我的【文档窗口】，在空白处右击，在弹出的菜单中选择【粘贴】。 这时，123 文件就被移动回到【文档窗口】下了。

2.4.5　文件和文件夹的复制

复制与移动文件的区别是，进行复制操作后的文件或文件夹仍然保存在原位置，即在原位置和目标位置都存在，而移动后的文件或文件夹已经不在原位置了。

1．利用快捷键复制

（1）在打开的【我的文档】窗口，单击选中需要复制的文件 123，然后按 Ctrl+C 组合键将其复制到剪贴板中。

（2）双击 aaa 文件夹，打开 aaa 文件夹，按 Ctrl+V 组合键即可。操作完成后，

大家会发现，在【我的文档】和 aaa 文件夹下都有 123 文件。

2. 利用右键下拉菜单复制

这个方法与前面移动文件夹的方法非常相似，只是选择的是右键菜单中的【复制】而不是【剪切】，后面的操作是一样的。

3. 拖曳法复制

前面已经说了，利用拖曳法移动文件而不是复制。那么在这种情况下，如何进行复制操作呢？其实非常简单，只要在拖动的同时，按下键盘上的 Ctrl 键就能把文件或文件夹复制到同一分区的另一个文件夹里。如果原位置与目标位置不在同一个磁盘分区，那么直接拖曳就能进行复制了。

2.4.6 删除和恢复删除

在使用电脑的过程中，往往会出现一些无用的或者是不需要再使用的文件或文件夹，它们不但会占用磁盘空间，而且不利于管理，所以可以将其删除。如果不小心误删了一些文件，也可以将这些删除的文件恢复到原位置。

1. 删除文件或文件夹

删除文件（夹）有多种方法，但由于删除操作是带有破坏性的，所以各种删除方法都将要求得到确认，只有单击【是（Y）】按钮，该文件（夹）才被真正删除，如图 2-23 所示。

图 2-23

（1）使用键盘。打开【我的文档】窗口后，单击您要删除的文件 123，按一下键盘上的 Del 键或 Delete 键，在弹出的【确认文件删除】对话框中单击【是】按钮即在原位置把文件 123 删除并放入回收站。

（2）直接用鼠标拖入。单击要删除的文件（夹）图标，并把它拖动到桌面上的回收站图标上。前提是拖动时能够看得到桌面上的回收站图标。

（3）右击下拉菜单。右击要删除的文件或文件夹，在右键菜单中选择【删除】按钮。

（4）用键盘直接删除。单击要删除的文件 123，按一下键盘上的 Shift +Del

组合键，即可永久删除该文件。这种方法不会放到回收站中，因此无法恢复，须慎用。

2. 恢复已删除的文件

【回收站】是 Windows 提供的一个很有用的功能。当执行了删除文件（夹）后，系统把它转移到了【回收站】中，这时文件（夹）并没有被真正删除，一旦发现删除出错，希望取消删除操作，则可以轻而易举地从回收站恢复被删除的文件。【回收站】起到了一个被删除文件的中转站的作用，在这个中转站上，可以最后确认删除还是恢复【回收站】中的文件。

（1）在桌面上双击【回收站】图标，打开【回收站】窗口。

（2）在【回收站】窗口中右击你要恢复的文件 123，在右键菜单中选择【还原】即可，如图 2-24 所示。这时，将可以在原来的【我的文档】窗口又看到 123 文件。

3. 彻底删除文件或文件夹

如果【回收站】中所有文件都没有用了，可以把它们全部彻底删除。其操作为：单击回收站窗口菜单栏上的【文件】，然后单击【清空回收站】命令，【回收站】中的所有文件都将被彻底删除，如图 2-25 所示。也可以直接单击左边的【清空回收站】的按钮，确定操作就可以彻底删除所有文件。

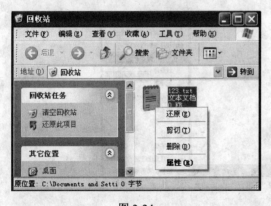

图 2-24

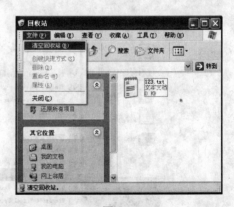

图 2-25

2.4.7　文件和文件夹的重命名

重命名其实就是修改文件或文件夹的名称，以便于记忆和管理。下面就将【我的文档】里的文件 123 重命名为 456，具体方法操作如下：

（1）右击要重命名的 123 文件，选择右键菜单中的【重命名】。

（2）这时 123 反白显示，呈改写状态。

（3）将 123 改为 456 后按 Enter 键即可。

在进行重命名操作时要注意，如果显示了文件的后缀名（也就是“.”后面的字母），那么重命名时一定不能改动这个后缀名，否则会造成文件无法打开或无法识别的情况。

2.5　附件的使用

Windows XP 附带了很多有用的附件小工具程序，这些小工具可以在使用电脑时及时地为我们提供帮助。例如，使用放大镜工具可以帮助中老年人查看屏幕上较为细小的文字或者图片，使用计算器工具可以进行一些常用的数字运算，使用录音机录下自己唱的歌。

2.5.1　Windows 的画图程序

【画图】是 Windows 中的一个绘图软件，用户可以使用【画图】提供的各种工具来创建、编辑和打印图片。该软件体积小巧，使用也非常简单。

1. 打开程序

该程序位于【附件】菜单下，首先单击【开始】按钮，接着依次单击【所有程序】→【附件】→【画图】。这样画图程序就被打开了，如图 2-26 所示。

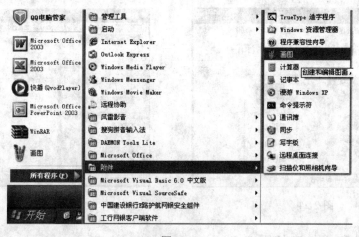

图 2-26

2. 认识画图程序

画图程序的主窗口如图 2-27 所示，分为【菜单栏】、【工具箱】、【颜料盒】、【绘图区】。如果打开画布没发现有【工具栏】和【颜料盒】，可以单击菜单【查看】下的【工具箱】和【颜料盒】选项，即它们前面都打勾，如图 2-28 所示。

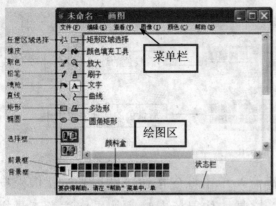
图 2-27

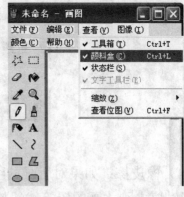
图 2-28

3．工具的选择和使用

（1）工具的选择。在使用任何工具之前，必须先选中工具。选择的方法是：将光标移到【工具栏】的某一个按钮上，【状态栏】上就会出现相应的操作提示。单击被选中的工具会呈下陷状。

（2）工具的使用。

1）铅笔：首先单击工具栏上的铅笔工具 🖉，然后将光标移至绘图区，按住鼠标左键拖动到合适位置后松开，即可完成直线的绘制。一条铅笔线出现了，如图 2-29 所示。

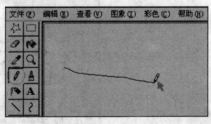
图 2-29

2）颜料盒：先熟悉前景色和背景色。您只要想象您的画纸有两层就可以了，您能看得见的就是前景，在它下面的是背景，我们看不见。如果将前景裁剪一块或者用橡皮擦去，就可以看见背景了。

画图中前景色和背景色的选择分别通过鼠标左/右键来控制，具体方法操作如下（请注意屏幕上前景色和背景色的变化），如图 2-30 所示。

一是单击颜料盒上某颜色，将其定义为前景色。

二是右击颜料盒上某颜色，将其定义为背景色。

3）刷子：铅笔右边就是刷子，单击这个按钮即可。一旦选择了刷子，工具栏会打开一个附栏，刷子和铅笔不一样，它有多达 12 种形状，选择其中一种。和铅笔一样，可以拿它来画线或任意的图画。

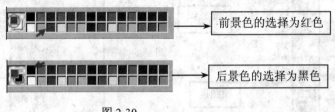

前景色的选择为红色

后景色的选择为黑色

图2-30

4）橡皮擦：如果对所画的线条不满意，单击橡皮按钮，然后光标就像橡皮一样可以擦去刚才画的铅笔线，操作时一样是按住鼠标左键。如果您注意工具栏底部，现在多了一个附栏，它让我们选择橡皮的形状，以便于我们创作，如图 2-31所示。

5）颜料桶：颜色填充工具位于橡皮的右边，通常叫它颜料桶，选中它之后，在绘画区单击，光标所指的色块就变成前景色，右击，光标所指的色块就变成背景色，如图 2-32 所示。

图2-31

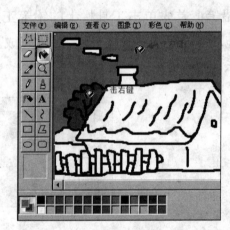

图2-32

6）喷枪：铅笔下边就是喷枪，单击这个按钮即可选中，喷枪的形状像一团雾，有三种尺寸，它画出的雾状效果不亚于画家们使用的真正喷枪。

7）加入文字：单击工具栏中带有 A 的按钮，然后在要加入文字的地方按下鼠标左键，向右下拖动到合适的位置后松开，即出现虚线框和一个字体选择框。在虚线框内输入文字，在字体选择框中选择字体和字号，然后在虚线框以外任意处单击一下就可以了。注意：输入中文时只能选中文类的字体，如图 2-33所示。

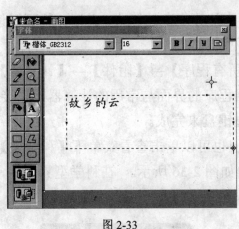

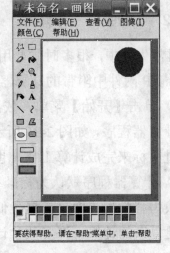

图 2-33　　　　　　　　　　　　　　　　　图 2-34

8）放大镜：单击放大镜按钮，工具栏底部出现四级放大比例，单击 2× 整个画面就放大两倍。如果要恢复原状，只需再次选择放大镜按钮，然后在绘图区任意位置单击一下就可以。

9）取色：虽然画图可以让我们选择世界上所有的颜色，但毕竟用不着那么多，有些颜色可以直接在画面上取色，单击【取色】按钮，再单击画面上预先选好的颜色，颜料盒的前景色就变成您需要的颜色。如果右击，变色的将是背景色。

10）直线、曲线：当需要画出一条直线时，再也不用直尺，只需选择直线工具就可以了。如果想画水平线或垂直线在画线的同时按住 Shift 键。画曲线也更方便而且有趣，您可以自己试试看。

11）椭圆、矩形、多边形和圆角矩形：这四个位于工具栏下方的工具操作相似，可以用来绘制相应的图形。工具栏附栏的三种选择由上往下分别为：空框图形（前景色为框）、有边框实心图形（前景色为框，背景色为心）、无边框实心图形（背景色为心）。

例如，画红太阳步骤如下：

a. 单击颜料盒上红颜色。

b. 单击工具栏中的椭圆工具，选择工具栏附栏的无边框实心图。

c. 将光标移至绘图区，按住鼠标左键拖动出圆形，如图 2-34 所示。

12）选定和裁剪：位于工具栏最上方的两个工具按钮，它的作用是可以在画面上将需要的部分区域选中，这样绘画工作可以限制在一个特定区域进行，或者将这一特定区域的内容复制到剪贴板上。

2.5.2　小帮手——计算器

在日常生活中，很多时候要用到计算器来计算复杂的算式。此时，就可以使用 Windows XP 附件中附带的计算器小工具了。

（1）单击【开始】菜单，依次单击【所有程序】→【附件】→【计算器】即可打开计算器程序，如图 2-35 所示。计算器程序的界面与常用的计算器比较接近，可以通过鼠标来完成计算工作，也可以通过键盘来完成。

（2）计算器程序默认为标准型界面，但也可以单击查看菜单下【科学型】项将其转换为科学型界面来拓展我们的使用，如图 2-36 所示。 在科学型界面中，可以进行更复杂的计算，许多数学计算都可以在其中完成。

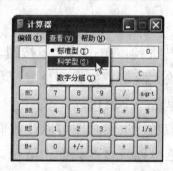

图 2-35　　　　　　　　　　　　　　　　　图 2-36

2.5.3　看电影听音乐用 Windows Media Player

Windows Media Player 是 Windows XP 操作系统中自带的多媒体播放器，不需要用户特意安装。 它可以支持的多媒体音、视频文件格式也很多，如 MP3、ASF、WMV、WMA、AVI、MPEG、MIDI、CD 音频等，不仅可以播放本地硬盘、各种 CD 光碟中的文件，还可以在线欣赏到 Internet 上的多种音频文件，功能非常齐全，使用也很简单。播放电脑上的声音文件步骤如下：

（1）依次单击【开始】菜单→【所有程序】→【附件】→【娱乐】→Windows Media Player，启动 Windows Media Player 应用程序。

（2）单击菜单栏中的【文件】菜单项，然后选择下拉菜单中的【打开】选项，弹出【打开】对话框。

（3）单击【我的文档】后，双击窗口中的【我的音乐】，然后双击【示例音乐】，选择自己喜欢的歌曲。

（4）在【打开】对话框中找到要播放的文件，单击【打开】按钮即可开始播放。

2.5.4　Windows 的录音机

Windows 附件中自带了一个【录音机】小程序，它能将你自己唱的歌曲录制下来。虽然看起来很简单，有时却能给我们带来很大的便利和快乐。帮助为电脑连接上麦克风之后，就可以使用电脑中的软件将自己的声音录制并保存起来。

1. 录音前的准备

在录音前，应该调整音频属性，以确保录音顺利，设置具体操作如下：

（1）右击任务栏右下角的【音量】图标，在打开的列表中选择【打开音量控制】选项，如图 2-37 所示。

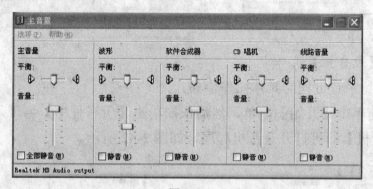

图 2-37

（2）此时将打开【主音量】对话框，在该对话框中单击【选项】按钮，然后选择【属性】命令，如图 2-38 所示。

（3）在【属性】对话框中，打开【混音器】后面的下拉列表框，然后选择 Realtek HD Audio Input 选项，如图 2-39 所示。

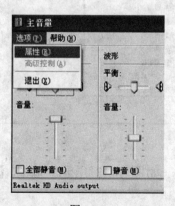

图 2-38

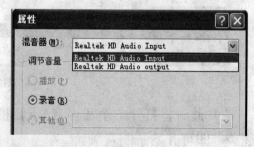

图 2-39

（4）此时，在下方的【显示下列音量控制】选项区域中选中所有复选框，再单击【确定】按钮，如图 2-40 所示。

（5）此时，打开【录音控制】对话框，可以在该对话框中的【录音控制】选项区域中调整录音的音量控制，如图 2-41 所示。

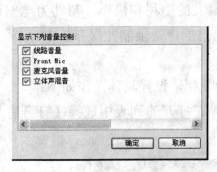

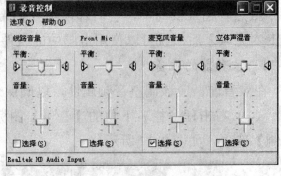

图 2-40　　　　　　　　　　　　　　　　　　　　图 2-41

2. 使用【录音机】录音

下面就介绍录音过程的具体操作步骤。

（1）首先单击【开始】菜单，然后依次单击【所有程序】→【附件】→【娱乐】→【录音机】即可打开录音机程序，如图 2-42 所示。

图 2-42

（2）此时将打开一个【声音-录音机】窗口，如图 2-43 所示。单击【录制】按钮 ● 即可开始录制音频。

（3）要停止录制，单击【停止】按钮 ■ 即可，如图 2-44 所示。

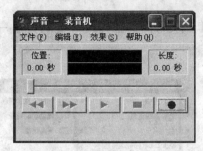

图 2-43

图 2-44

（4）如果需要试听，可以单击【播放】按钮 开始播放声音，此时，可以对准麦克风进行唱歌，单击【停止】按钮停止播放声音。

（5）要保存录音文件，可以选择菜单上【文件】下【另存为】命令，如图 2-45所示。

（6）此时，打开【另存为】对话框，在【保存在】右边的下拉按钮 选择保存位置为【桌面】，如图 2-46 所示。

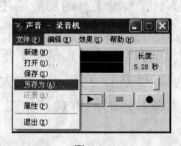

图 2-45

图 2-46

（7）在保存在后面输入文件名"我的录音"，将文件以.wav 的格式保存。该文件格式可以被 Windows Media Player 之类的媒体播放器播放。

Windows XP 操作系统自带的【录音机】软件，仅能够支持 60 秒的录音，超过60 秒无法录入。

2.5.5　使用放大镜工具

很多中老年人由于视力衰退，在使用电脑时经常会看不清一些较小的文字或者图片。此时，可以使用 Windows XP 自带的放大镜工具来帮忙。

（1）首先单击【开始】菜单，然后依次单击【所有程序】→【附件】→【辅助工具】→【放大镜】选项，如图 2-47 所示。

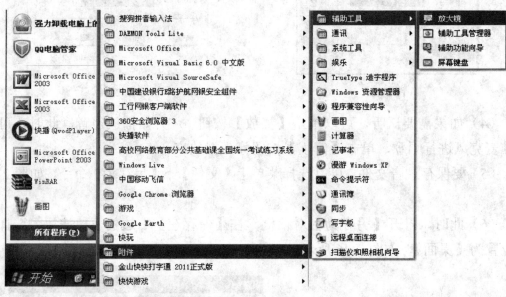

图 2-47

（2）此时出现【Microsoft 放大镜】提示框，显示放大镜工具的功能描述，如图 2-48 所示。

（3）接着将打开一个【放大镜设置】对话框，您可以在【放大倍数】下拉列表中选取放大的倍数，默认为 2 倍；在【跟踪】选项区域中，可以设置放大镜工具的跟踪方式；在外观选项区域中，可以设置放大镜显示时的方式，如图 2-49 所示。

（4）此时，当前光标所在位置将以放大镜方式在屏幕的顶端显示内容，如图 2-50 所示。

图 2-48

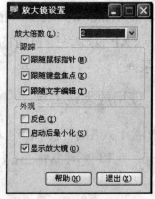

图 2-49

图 2-50

（5）如果要退出放大镜显示模式，只需要在【放大镜设置】对话框中单击【退出】按钮即可。

2.5.6　玩系统自带游戏

Windows XP 操作系统内置了多款经典的小游戏，供您在闲暇的时候进行娱乐。比较有趣的如【扫雷】游戏、【空挡接龙】游戏和【三维弹球】游戏等。

1.【扫雷】游戏

【扫雷】游戏的目标就是翻转空白方块并避开隐蔽雷的方块，这是一款需要进行简单推理的游戏。

（1）首先单击【开始】菜单，然后依次单击【所有程序】→【游戏】→【扫雷】选项，如图 2-51 所示。

图 2-51

（2）启动【扫雷】游戏后，出现一个布满方形格子的对话框，如图 2-52 所示。如果还不了解游戏规则，可以选择【帮助】菜单上下面的【目录】命令，如图 2-53 所示。

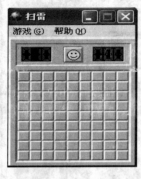
图 2-52

图 2-53

（3）然后单击【扫雷】下的【扫雷玩法】链接，查看游戏规则，如图 2-54 所示。

（4）单击菜单上的【游戏】下的【开局】按钮，试探性地单击游戏区中的任何方块，启动游戏。运气好的话会展开一片无雷区，此时计时器启动，如图 2-55 所示。

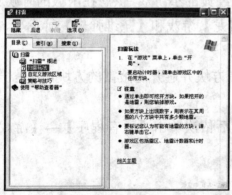
图 2-54

图 2-55

（5）其中，标记为 1 的方格表示其周围 8 个格子中有 1 个格子是地雷，标记为 2 的则表示其周围 8 个格子中有 2 个格子是地雷，依次类推。判断出地雷的位置后，右击该位置标记地雷，让后点开其他非地雷的方块，继续根据数字来判断地雷。

（6）如果无法判定某方块是否为地雷，则可以右击该方块 2 次将其标注为"?"号。

（7）找出所有地雷后，即可结束游戏，若速度够快，还能打破纪录。

2.【三维弹球】游戏

【三维弹球】游戏的目标是发射球，然后通过命中缓冲器、目标和旗帜来赢取尽量多的分数。单击图形打开另一个窗口，显示所有表格组件的名称和位置。游戏分为九级，以名次表示。最低军衔是军校生，最高是五星上将。只有选择并完成一系列使命后才能进到下一个级别。军衔提升时，会有更富有挑战性的新使命等待着您。军衔越高，奖分越高。

（1）首先单击【开始】菜单，然后依次单击【所有程序】→【游戏】→【三维弹球】选项，如图 2-56 所示。

图 2-56

（2）选择【游戏】下的【开局】命令，如图 2-57 所示开始游戏。

（3）选择【游戏】下的【发射球】命令，如图 2-58 所示。

（4）此时将显示弹球，可以再次选择【游戏】下的【发射球】命令或按住空格键，开始发射球。

（5）可以按住 Z 键控制左侧的挡板；按下【/】键控制右侧的挡板，使弹球不要坠落。

（6）另外，还可以选择【选项】下的【玩家控制】命令，打开【玩家控制】对话框，设置控制选项。

图 2-57

图 2-58

第3章 汉字输入与编辑

使用电脑离不开汉字的输入，但很多老年人在使用电脑时会遇到文字输入障碍。其实只要熟悉电脑的输入法，选择适合自己的输入法软件，再配合专业的打字软件的辅助练习，完全可以在短时间内克服打字困难。本章将介绍当前电脑中常用的几种文字输入法，然后介绍一款专门为不会拼音的中老年朋友量身定做的输入法——逍遥笔输入法，最后介绍使用金山打字通练习打字的有关内容。

3.1 认 识 输 入 法

使用电脑打字，实际上就是使用汉字输入法进行文字输入的过程。电脑在默认情况下处于英文状态，要输入中文，必须先添加所需要的汉字输入法，然后进行切换、选择各种输入法进行汉字输入。

3.1.1 输入法的添加

Windows XP 系统提供了多种汉字输入法，包括智能 ABC 输入法、微软拼音输入法和全拼输入法等，但有些输入法并不是系统自带的，例如目前比较流行的搜狗输入法。下面看看具体添加输入法的操作方法。

1. 自带输入法的添加

在默认情况下，系统自带的文字输入法是全部显示在语言栏中的，如果发现没有显示，用户可以将其调出来。其操作如下。

（1）进入 Window XP 操作系统，右击语言栏中的输入法按钮▧，在弹出的快捷菜单中选择【设置】命令，打开【文字服务和输入语言】对话框，如图 3-1 所示。

（2）单击【添加】按钮，打开【添加输入语言】对话框。

（3）在【添加输入语言】对话框中选择【键盘布局/输入法】下拉列表框中选择【中文(简体)-双拼】选项，选择该输入法，如图 3-2 所示，会自动返回【添加输入语言】对话框。

（4）在【键盘布局/输入法】下拉列表中显示了要添加的输入法，单击【确定】按钮。

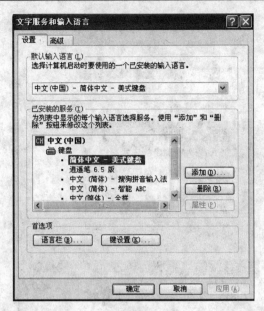

图 3-1

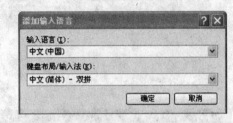

图 3-2

（5）在【文字服务和输入语言】对话框中，在该对话框的【已安装的服务】列表框中显示了添加的输入法。

（6）单击【确定】按钮，即可添加双拼输入法。

（7）单击语言栏中的【输入法】按钮，在弹出的快捷菜单中会显示添加的双拼输入法。

2. 非系统自带输入法的添加

电脑中有些输入法不是系统自带的，可以在网上下载该输入法的安装文件，然后通过安装文件将其安装到电脑上。

添加搜狗输入法操作如下：

（1）开机进入 Window XP 操作系统，单击任务栏上【开始】按钮，在弹出的【开始】菜单上选择 Internet 选项，启动 IE 浏览器。如果 IE 浏览器图标在桌面上，就直接双击打开。

（2）在地址栏中输入搜狗的网站网址"http://pinin.sogou.com"，按 Enter 键打开搜狗输入法网页，如图 3-3 所示。

（3）单击【立即下载】按钮，弹出【文件下载】对话框，如图 3-4 所示。单击【运行】按钮，开始下载安装，并显示进度，如图 3-5 所示。

（4）下载完毕后单击【运行】按钮，打开安装界面。

图 3-3

图 3-4

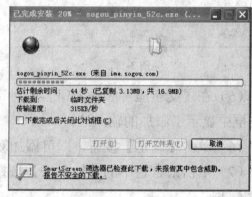

图 3-5

（5）依次单击【下一步】按钮，【我接受】按钮，进入到安装位置对话框。

（6）单击【下一步】按钮安装到默认的目录下，再单击【下一步】按钮进入选择创建快捷方式。在打开的安装对话框中单击【安装】按钮，此时开始安装程序并显示安装进度，如图 3-6 所示。

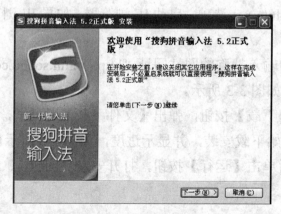

图 3-6

（7）单击【完成】按钮，即可完成安装，此时搜狗拼音输入法将自动添加到语音栏中。

3.1.2 删除输入法

如果用户的语言栏中有些不常用的汉字输入法，则可以考虑将其删除。例如要删除上面添加的中文(简体)-双拼输入法，具体方法操作如下：

（1）右击语言栏中的输入法按钮📖，在弹出的快捷菜单中选择【设置】命令，打开【文字服务和输入语言】对话框。

（2）在【已安装的服务】列表框中选中【中文(简体)-双拼】选项，如图 3-7 所示，然后单击【删除】按钮，最后单击对话框中的【确定】按钮，即可删除中文(简体)-双拼输入法。

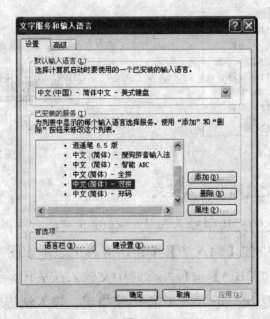

图 3-7

3.1.3 输入法的切换（激活）

中文输入法的切换是指从英文输入方式切换到中方输入方式，或者从中文输入方式切换到英文方式。输入法有两种方式切换。

（1）鼠标方式：单击任务栏上的输入法按钮📖，即可在弹出菜单中选择其中一种中文输入法。

（2）快捷键方式：按下 Ctrl+Space 组合键（按住 Ctrl 键不松，再按空格键），也可调出中文输入法；再按一次则调出的是英文输入状态。

3.1.4 输入法的选择

输入法的选择是指在不同的中文输入法中进行选择。输入法选择也有两种方式：一种是上述所说的鼠标方式，单击任务栏上的输入法按钮，另一种方式是Ctrl+Shift（两个键同时按下）。如果交替地按下和松开，则在不同的输入法中选择。例如智能 ABC 汉字输入法的选择具体方法操作如下：

（1）单击任务栏上的输入法按钮，输入法选择菜单列出了计算机提供的各种输入方法，如图 3-8 所示。

（2）将鼠标指向【智能 ABC 输入法 5.0 版】并单击，屏幕下方弹出智能 ABC 输入法的状态条完成了输入法选择，如图 3-9 所示。

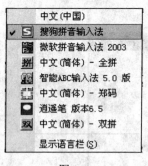

图 3-8

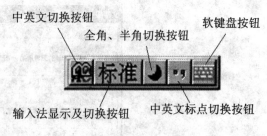

图 3-9

3.1.5 在输入中文过程中输入英文

如果要在输入中文的过程中输入英文，有以下三种方法：

（1）单击任务栏中的【输入法】按钮，屏幕上显示如图 3-8 所示的输入法选择菜单。单击【英语（美国）】选项，此时中文输入法关闭，进入英文输入状态。

（2）在中文输入法状态下，按 Ctrl + 空格键，输入法提示行消失，表示退出中文输入状态，此时可输入英文。

（3）单击输入法提示行最左边的中英文切换按钮，如图 3-9 所示，当该图标上显示为时，可以输入中文；当该图标上显示为![A]时，表示在不关闭中文输入法情况下，进入英文输入状态。再次单击该按钮，可继续输入中文。

3.1.6 中文标点符号的输入

如果电脑键盘上没有对应的中文标点，要想输入中文标点符号，应首先单击输入法状态栏中的"中文/英文"标点图标，转换成中文标点输入状态。在这种状态下，就可以用英文键盘直接输入中文标点符号。

3.2 常用汉字输入法

下面详细介绍智能 ABC 输入法、搜狗拼音输入法和逍遥笔输入法。

3.2.1 智能 ABC 输入法

智能 ABC 输入法是 Windows 系统自带的汉字拼音输入法，它是一种以汉字拼音为基础，以词组输入为主的普及型汉字输入法，具有简单易学、快速灵活等特点，支持全拼、双拼、混拼、词组输入和造词等功能，因此被广泛使用。

1. 使用全拼方式输入

智能 ABC 输入法的全拼输入规则是完整地输入单个字或词的全部拼音，再按空格键弹出"同音字词候选框"，然后按所需汉字前对应的数字键，若所需汉字没有出现在当前的同音字列表中，可按键盘中"-"或"="键向上或者向下翻查找，如果想输入中文"氛"和"使用"，其具体方法操作如下：

（1）首先单击【开始】菜单，然后依次单击【所有程序】→【附件】→【写字板】命令，打开【写字板】，如图 3-10 所示。

（2）单击任务栏中语言栏的【输入法】按钮，在弹出的快捷菜单中选择"智能 ABC 输入法 5.0 版"命令，选择智能 ABC 输入法，如图 3-11 所示。

图 3-10

图 3-11

（3）使用键盘输入拼音 fen 后按空格键，出现如图 3-12 所示的"分"同音字词候选框。

（4）在当前的汉字候选框中没有要输入的汉字内容"氛"字，可以单击键盘上的▭键或▭键向后翻页，如图 3-13 所示，单击键盘上对应的数字编号 5 键即可输入汉字"氛"。

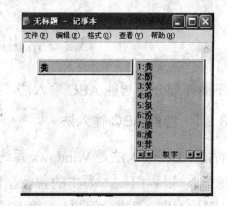

图 3-12　　　　　　　　　　　　　　　　图 3-13

（5）如果要输入汉字"使用"，可以用同样的方法用键盘输入拼音 shiyong 后按空格键，出现如图 3-14 所示"使用"同音字词候选框，然后用与单个字的输入相同的方法，选择键盘上的数字 1 可以输入汉字词组"使用"。

2.　使用简拼方法输入

简拼输入是指只输入一个词组和各个汉字的声母。规则是取各个音节的第一个字母组成该词组的编码，而对于包含 zh、ch、sh 的也可取前两个字母。例如，词组"计算机"可以输入拼音 jsj 后按空格键，弹出如图 3-15 所示汉字候选框，选择 1 即可输入汉字"计算机"。

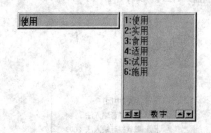
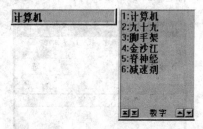

图 3-14　　　　　　　　　　　　　　　　图 3-15

3.　使用技巧

利用智能 ABC 输入法输入汉字的过程中有许多小的技巧或特点，了解这些小的技巧或特点有助于提高汉字的输入效率。

（1）直接输入英文。汉字的输入过程中若要输入英文，常规的办法是先切换到英文输入法。但是在智能 ABC 汉字输入法状态下亦可直接输入英文，不用转换，直接在要输入的英文前加上 v 即可，例如 window 应输入 vwindows，然后按空格键。

（2）自动组词并记忆。智能 ABC 能够依照汉语的语法规则将一次输入的拼音字串划分成若干个简单语段，然后转换成一个较长的词并记忆。例如，若希望将"使用电脑的方法"组词，则可首先直接输入 shiyongdiannaodefangfa，按空格键后弹出如图 3-16 所示同音词候选框,然后依次选定后续需要的汉字如图 3-17 所示,选择"使用电脑的方法"实现输入,若需要再次输入这个长词,则直接输入 shiyongdiannaodefangfa,这个词会出现在默认字词框中,不用在候选框中选取。

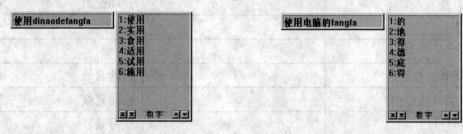

图 3-16   图 3-17

(3)中文数量词的简化输入。智能 ABC 对于需要输入的"一"、"二"和"壹"、"贰"等中文数量词提供了一种简便的输入方法。在汉字输入状态下,先输入小写 i,再输入一个数字 1~9,然后按空格键,即可输入"一"、"二"等;先输入大写 I,再输入一个数字 1~9,然后按空格键,即可输入"壹"、"贰"等。例如,"i7"、"I7"分别对应"七"、"柒"。

(4)中文标点符号的输入。选择了智能 ABC 输入法后,系统默认的标点符号为中文。如果要输入英文标点符号,可以单击输入法状态条中的 按钮进行切换。大多数中文标点的键位与西文标点的键位是一致的,如";"、","、":"、"?"、"|"等;有少数中文标点的键位与西文标点的键位不一致,例如,":"、","、"、"、"("、")"、"\"、"……"等引号是自动配对出现的,而单双书名号是自动嵌套的。

(5)特殊符号的输入。若要输入键盘上不能输的特殊符号,只要输入 v1-v9 就可以找到所需的各种图形符号。例如,β、①等。也可右击软键盘 按钮,从弹出的软键盘列表中选择一种,然后进行输入。特殊符号见表 3-1。

表 3-1   特殊符号

中文标点	键位	说明
。句号	.	
,逗号	,	
;分号	;	
:冒号	:	
?问号	?	
!感叹号	!	

续表

中文标点	键位	说明
" " 双引号	"	自动配对
' ' 单引号	'	自动配对
（左括号	(	
）右括号	)	
〈《单双书名号	<	自动套嵌
〉》单双书名号	>	自动套嵌
……省略号	^	双符处理
——破折号	_	双符处理
、顿号	\	
·间隔号	@	
- 连接号	&	
￥人民币符号	$	

3.2.2　搜狗拼音输入法

　　搜狗拼音输入法是目前十分流行的拼音输入法之一，与智能 ABC 等第一代拼音输入法相比，它属于功能更强大的第二代拼音输入法。搜狗拼音输入法不仅支持全拼和简拼输入方式，并且为用户提供了很多使用的选择技巧。而搜狗输入法的词库是网络的、动态的、新鲜的，所以特别适合上网使用。

　　（1）单击【开始】菜单，然后依次单击【所有程序】→【附件】→【写字板】命令，打开【写字板】。

　　（2）单击任务栏中语言栏的【输入法】按钮📖，在弹出的快捷菜单中选择【搜狗拼音输入法】命令，切换到搜狗拼音输入法，如图 3-18 所示。

　　（3）输入拼音 zsjsll 后按空格键就可以输入汉字"知识就是力量"，如图 3-19所示。

图 3-18

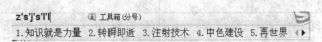

图 3-19

（4）输入姓名"巩俐"的拼音汉字 gon'li，弹出的输入框并没有显示输入全拼字母及候选的词组，可以按下键盘上的逗号（-）和句号（=）进行前后翻页，如图 3-20 所示。更多人名可以用（分号+R）来查得。

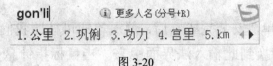

图 3-20

3.2.3　逍遥笔输入法

如果你既不会拼音也看不懂键盘上的键位，那么，可以使用逍遥笔输入法。逍遥笔输入法是一款无板手写输入工具软件，它将鼠标化作手写笔的软件有了它，可以直接利用鼠标进行手写输入，十分的方便，此软件在网上可以下载使用并且它完全免费。

1. 软件下载

（1）开机进入 Window XP 操作系统，单击任务栏上【开始】按钮，在弹出的【开始】菜单上选择 Internet 选项，启动 IE 浏览器。

（2）在地址栏中输入逍遥笔的下载网址"http://www.ksense.com/index.php?id=105"，按 Enter 键打开逍遥笔输入法网页。

单击开心逍遥笔 V6.5 版本发布后的"点击下载"，在弹出的新建下载窗口中单击【打开】按钮，双击"逍遥笔 6.5.exe"文件，弹出安装界面，如图 3-21 所示。

（3）单击【下一步】按钮，选择【我同意此协议】，如图 3-22 所示，单击【下一步】按钮。

图 3-21

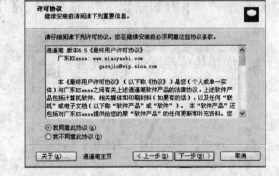

图 3-22

（4）单击【下一步】按钮安装到默认的目录下，单击【下一步】按钮选择默认的开始菜单，单击【安装】，此时开始安装程序并显示安装进度。

（5）单击【完成】按钮，即可完成安装，此时逍遥笔拼音输入法将自动添加到语音栏中。

2. 软件使用

使用的方法很简单，安装完毕以后，逍遥笔即可按照我们常用的习惯，通过快捷键（Ctrl+Shift）切换到此输入法界面中来。当鼠标指针悬停于附近时，鼠标即刻变为一个笔形，此时，用户就可直接用鼠标写出想要的文字了。

（1）首先单击【开始】菜单，然后依次单击【所有程序】→【附件】→【记事本】命令，打开【记事本】。

（2）单击任务栏中语言栏的【输入法】按钮，在弹出的快捷菜单中选择【逍遥笔拼音输入法】命令，切换到逍遥笔拼音输入法，如图 3-23 所示。

图 3-23

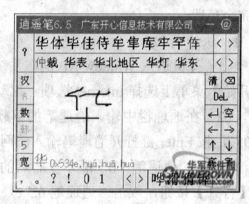

图 3-24

（3）鼠标移到输入框用鼠标写出想要的文字"华"，直接单击想要的文字即可将此字输入到文本中去，如图 3-24 所示。文字下方是其根据所输入的文字进行联想的同音字，下方的联想区列举了比较常用的词组，如图 3-25 所示。

图 3-25

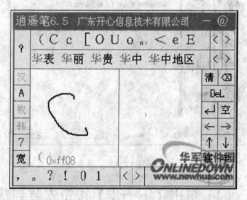

图 3-26

（4）单击软件左侧的 A 字使之变亮，写入英文字母 C 即可直接输入英文字母了，如图 3-26 所示。

（5）软件左侧下方的"数"即是数字的开关，"韩"即是韩日文输入的开关了，单击软件左侧的"数"字使之变亮，写入数字"9"即可直接输入数字 9 了，如图 3-27 所示。当所需输入的开关为灰色时，即使你在其中输入想要的内容，软件也无法显示。

（6）在左侧的下方，"宽"字代表输入法的半角、全角变化，亮的为全角，灰色时为半角，如图 3-28 所示。

图 3-27

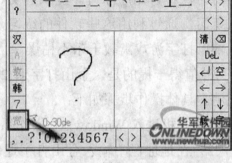

图 3-28

（7）在输入的过程中，难免会有错误，好在软件在右侧设有清空、删除以及退格，如图 3-29 所示。

（8）在右侧的中央区域是回车换行、空格键、文字方向等几个功能键，帮助用户在输入汉字时能更加方便操作，如图 3-30 所示。

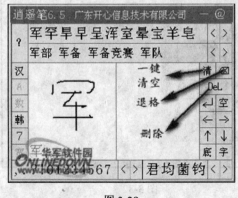

图 3-29

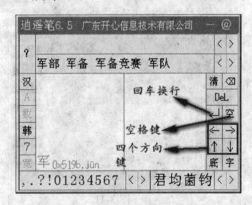

图 3-30

（9）软件的两个输入区可实现连续输入，即在第一个区中输入完毕后，在下一个区域中输入时，第一区的首汉字文字即直接进入到文档中去了。

3.3　金山打字通练习

打字输入虽然是学习电脑所需要的，但是单纯的练习打字无疑是一件枯燥乏味的事情，而且一般效率也不高，因此，可以使用一些专业的软件来帮助练习打字，不仅可以快速提高打字水平，还可以使你乐在其中。

3.3.1　安装金山打字2011

金山打字是金山公司推出的系列教育软件，是一款功能齐全、数据丰富、界面友好的、集打字练习和测试于一体的打字软件。金山打字对用户水平的定制个性化的练习课程，循序渐进。提供英文、拼音、五笔、数字符号和打字游戏等多种输入练习，通过利用这些软件的练习，不但提高我们对键盘操作的技巧和速度，而且辅以打字游戏寓教于乐不枯燥。

另外值得一提的是，金山打字通 2011 是完全免费的，可以通过网络下载其安装使用。具体操作步骤如下：

（1）开机进入 Window XP 操作系统，双击桌面 IE 图标，启动 IE 浏览器。

（2）在地址栏中输入金山打字通的官方网站"http://typeeasy.kingsoft.com"，按 Enter 键打开金山打字通网页，如图 3-31 所示。

（3）单击【立即下载】，在弹出的新建下载窗口中单击【打开】按钮，弹出安装界面，如图 3-32 所示。

图 3-31

图 3-32

（4）单击【下一步】按钮，选择【我接受】，再单击【下一步】按钮。

（5）单击【下一步】按钮，选择默认的开始菜单，单击【安装】，此时开始安装程序并显示安装进度。

（6）单击【完成】按钮，即可完成安装（如果选中了【立即运行金山快快打字通 2011 正式版】）则会立即启动程序。

3.3.2 英文打字练习

在界面上熟悉"金山打字 2011"的操作项目，包括英文打字、拼音打字、五笔打字、速度测试、打字游戏、上网导航、打字教程，如图 3-33 所示。

先来看英文打字具体操作步骤：

（1）单击英文打字打开界面，如图 3-34 所示，每次练习完毕都能看到详细的练习过程，包括所用时间、打字速度、进度与正确率，如图 3-35 所示。

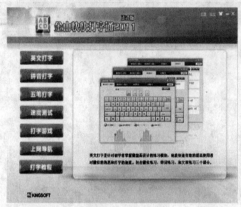

图 3-33   图 3-34

图 3-35

（2）用蓝色圆点的小拇指单击键盘上蓝色的 A 键，如果输入操作正确键盘目标按键会显示灰色，如果错了目标按键会一直显示蓝色，直到输入正确为止，单击右上角【回首页】回到主页面。

（3）英文打字练习分 3 种练习方式：键位练习（初级）、键位练习（高级）、单词练习和文章练习，在课程选择里面可以自己设置难度。

3.3.3 拼音打字练习

拼音打字练习中有音节练习、词汇练习和文章练习。

（1）单击拼音打字，进入练习界面后首先默认打开的是"音节练习"界面，该练习主要帮助熟悉常用词的音节组成，在打字时，需要输入的字母按键会在下方的模拟键盘中以蓝色高亮度显示。

（2）音节练习输入法也要求在 EN 状态下才可以进行，如果出现错误的输入就会出现红色提示，正确的输入为淡绿底纹灰色字，输错的字可以用删除键【Backspace】删除，如图 3-36 所示。

（3）单击【课程选项】按钮，可以在列表中选择经常容易出错的模糊音和普通话异读词，然后单击【确定】按钮进行训练。

（4）词汇练习和文章练习就要求在汉字输入法状态下进行，建议使用智能ABC 进行练习，如图 3-37 所示。

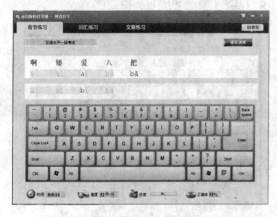
图 3-36

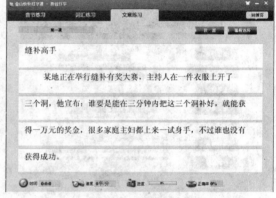
图 3-37

（5）单击【回首页】回到主页面。

3.3.4　速度测试练习

速度测试分为屏幕对照、书本对照和同声录入。屏幕对照就是按照系统给予的参照物来练习，书本对照是自己对这一本书开始练习输入，同声录入在课程选择里面按照自己的要求选择英文和中文的 txt 文本文档进行练习，如图 3-38 所示。

（1）单击速度测试进入屏幕对照打字速度测试窗口，上方文本框中的黑体字为样本文稿，用户需要对应样本文稿进行打字，输入正确的文字将以灰色字体形式显示在下方的文本框中，而输入错误的文字将会在上下文本框中同时标红色显示，如图 3-39 所示。

（2）该文字输入完毕，或者直接单击右角的【完成】按钮，都可以结束打字测试。此时系统将会弹出【排行榜】对话框，该对话框中显示了刚才测试的结果，包括打字速度和正确率，并进行排行。单击【确定】按钮回到测试界面。

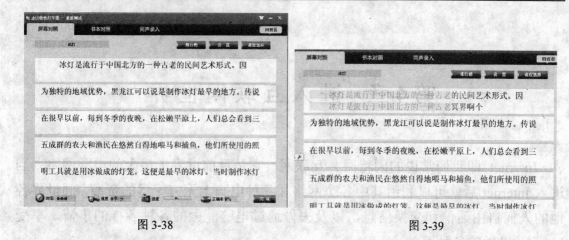

图 3-38   图 3-39

3.3.5 打字游戏练习

有了一定的打字基础后，可以尝试打字通的打字游戏练习了，在这项功能中，原本枯燥乏味的打字练习，被一个个生动的小游戏所取代。用户只要闲暇时玩上一玩，不知不觉间，就可以轻松提高自己的打字速度。

值得一提的是，金山打字通 2011 中的打字游戏使用时需要通过网络免费下载。

（1）单击打字游戏进入游戏界面，在该页面中选择【初级游戏】，单击【机器猫】按钮。

（2）进入【机器猫之打字游戏】界面后，单击【开始游戏】按键玩游戏。

（3）此时楼上开始掉下字母，您需要在字母落地之前在键盘上按下与其相应的字母键，字母落地则失败。

初级游戏以字母练习为主，难度较低；中级游戏一词语练习为主，还是有点难度；高级游戏以整句练习为主，难度较大。

第4章 进入互联网世界

Internet 即我们常说的因特网、互联网，它是目前世界上最大的电脑网络。当进入 Internet 后就可以利用其中各个网络和各种电脑上无穷无尽的资源，同世界各地的人们自由通信和交换信息，以及去做通过电脑能做的各种各样的事情，享受 Internet 提供的各种服务。

4.1 认 识 Internet

Internet 是人类历史发展中的一个伟大的里程碑，它是未来信息高速公路的雏形，人类正由此进入一个前所未有的信息化社会。借助 Internet，我们也大大丰富了自己的生活。在畅游 Internet 之前，有必要了解一些 Internet 的基础知识。

4.1.1 了解网站和网页

关于网络，有各式各样的专有名词，弄清楚它们的概念和联系，对于学习各种网络知识都将会有极大的裨益，其中最常接触到的就是网站和网页。

1. 什么是网站

网站（Website）是指在因特网上，根据一定的规则，使用 HTML 等工具制作的用于展示特定内容的相关网页的集合。简单地说，网站是一种通信工具，就像布告栏一样，人们可以通过网站来发布自己想要公开的资讯，或者利用网站来提供相关的网络服务。平时所说的访问某个网站，实际上访问的是提供这种访问的一台或多台电脑。

2. 什么是网页

网页（Web Page）是一个文件，也就是网站上的某一个页面，它存放在世界某个角落的某一部计算机中，而这部电脑必须是与互联网相连的。网页经由网址来识别与存取，当在浏览器输入网址后，经过一段复杂而又快速的程序，网页文件会被传送到你的电脑，然后再通过浏览器解释网页的内容，再展示到你的眼前，它包括文字、图像、音乐等。也就是说人们可以通过网页浏览器来访问网站，获取自己需要的资讯或者享受网络服务。

4.1.2 上网可以做什么

因特网中蕴藏着海量的信息，内容包罗万象、应有尽有，如新闻、文学、体育、健身、休闲等，您可以尽情畅游其间，充分享受网络带来的便利和快捷，为自己的晚年生活——增添无限乐趣。

1. 网上百事通 —— 浏览信息

通过因特网在各大网站浏览新闻信息，可以在第一时间将天下事一网打尽。网上的信息是报刊等媒体所无法比拟的，上网看新闻可以获得比报刊与杂志更加丰富、及时的各种信息。如图 4-1 所示为新华网（http://www.xinhuanet.com）界面。

2. 去粗取精 —— 查询和下载资源

因特网中提供了丰富的资源和服务，可以轻松查找音乐、图片、视频以及老年朋友比较关系的保健信息、健康食谱等实用资料。同时不仅可以在网上查看这些资料，还可以将一些重要的或者经常用到的资料下载到自己的电脑中，方便下次使用。在网上查到的冬瓜红烧肉的做法网站如图 4-2 所示。

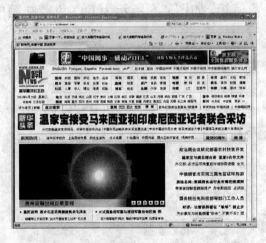

图 4-1

图 4-2

3. 网络交流无极限 —— 在线聊天

通过因特网，可以通过使用专门的软件和设备，不受地域的限制同千里之外的亲朋好友进行实时通话和视频聊天，就像在茶馆中一样聊天。例如常用的 QQ 和 MSN 等，如图 4-3 所示。另外，还可以访问一些综合性的论坛，和成千上万的网友们交流感兴趣的话题，例如温州论坛 703804，如图 4-4 所示。

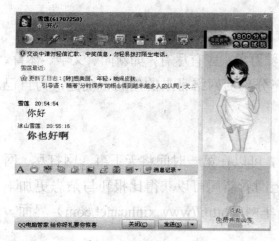

　　　　　　图 4-3　　　　　　　　　　　　　　　　　　图 4-4

4．抛弃邮局 —— 网上发送电子邮件

　　电子邮件指的是通过网络收取和发送使用电脑写作的邮件，是因特网中使用率最高的服务之一。与普通信件相比，电子邮件具有方便、快速、可靠、内容丰富、功能不受工作和地址变动的限制等诸多优势。目前许多网站推出免费邮箱服务，大家可以到相关网点申请属于自己的免费信箱，如图 4-5 所示为 QQ 免费邮箱中收取电子邮件。

　　　　　　　　　　　　　　　图 4-5

5．决胜千里 —— 网上游戏

　　因特网可以不受空间的限制，为您提供一个与来自不同省份和地区的网友同场竞技的平台。网上没有不败的高手，有无尽的对手。在网上你可以下棋、打麻将、

斗地主，如图 4-6 所示即是和网友在网上打麻将。

图 4-6

6.　网上生活——旅游、购物与预订

因特网提供了许多与人们生活息息相关的服务，通过网络可以足不出户购买所需，例如网上订票、购物、送花等。通过网络查看天气预报、当地宾馆的住宿情况，而现在提供网上购物服务的网站也很多，比较有名的淘宝网，如图 4-7 所示。

7.　网上听歌、看书、看电影

除了查找资料，因特网还提供了丰富多彩的试听服务，如可以在网上聆听在线音乐，中外名曲随你欣赏；还可以游览网上书城，阅读古今名著；除此之外，还可以欣赏在线电影、相声和评书等，如图 4-8 所示为小说网站。

图 4-7

图 4-8

4.2 使用 IE 浏览网页

IE 浏览器的全称是 Internet Explorer，它绑定于 Windows XP 操作系统中。这种浏览器功能强大、使用简单，是目前最常用的浏览器之一。目前常用的 IE 浏览器的版本为 8.0，可以使用 IE 8.0 在 Internet 浏览网页，还能够利用其内建的功能在网上进行多种操作。

4.2.1 IE8.0 简介

选择开始菜单下的Internet命令或通过直接双击桌面的Internet Explorer 图标启动 IE 8.0，启动后可以看到 IE 的主界面主要由"标题栏"、"工具栏"、"地址栏"、"选项卡"、"状态栏"、"菜单栏"和"滚动条"几个部分组成，如图 4-9 所示。

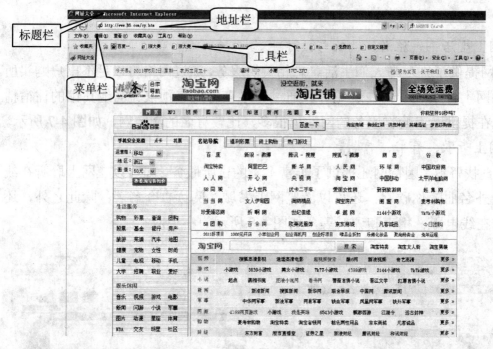

图 4-9

IE 浏览器窗口上方是标题栏，显示了页面的相关信息；下面是地址栏和工具栏，地址栏用于输入网址的域名地址，也就是网址；工具栏是菜单中的一些快捷方式；再往下是菜单栏，是由【文件】、【编辑】、【查看】、【收藏夹】、【工具】、【帮助】6 个主菜单组成；菜单栏下面是选项卡区域；中间最大的区域是网页的内容显示区，网址的内容就显示在其中。

下面介绍 IE 浏览器主要组成部分的详细操作和功能。

1．菜单栏

菜单栏和其他应用程序的菜单栏大同小异，这里只介绍【收藏夹】菜单和【工具】菜单。

（1）【收藏夹】菜单：可以将你喜欢的网址添加到收藏夹中，然后对收藏夹进行整理，也可以按网站的不同分类进行划分，以方便管理和浏览页面。

（2）【工具】菜单：该菜单中的【弹出窗口阻止程序】命令可以阻止一些网站弹出的广告窗口。加载项是扩展 Web 浏览器功能的程序，可以使用【管理加载项】命令对它们进行管理。Windows Update 命令可以进行更新工作，【Internet 选项】命令可以对 Internet 进行相关的设置。

2．工具栏

【工具栏】中包含常用命令的快捷图标，是使用 IE 浏览器浏览网页时常用的操作栏。

【后退】按钮 ：单击【后退】按钮可以跳转到打开当前网页时的前一页，在实际操作中，如果打算回到已经访问过的网页，只需要单击工具中的【后退】按钮即可后退一页。

【前进】按钮 ：单击【前进】按钮可以跳转至当前网页的下一页。

【停止】按钮 ：单击工具栏中的【停止】按钮，将终止当前正在打开的网页的操作。

【刷新】按钮 ：单击【刷新】按钮将重新打开当前的网页。

【主页】按钮 ：是浏览器被打开时所自动连接的页面。通常将速度最快或者最常用的站点设为主页。

【收藏夹】按钮 ：单击该按钮后，在浏览窗口的左侧就出现了一个分栏，里面列出来收藏夹中收藏的站点。要访问哪个站点，只要单击这个站点的名称即可。

4.2.2　浏览网页

浏览网页是上网中最常见的操作，可以通过浏览网页，查阅需要的资料和信息。

1．启动 IE

双击桌面上的 Internet Explorer 浏览器 图标启动 IE。

2．输入网址地址

在 IE【地址栏】后文本框中，输入您要浏览的网址（如 http://www.wztvu.com，温州广播电视大学网址），然后按 Enter 键，经过一段时间的连接传输后，即可出现所要浏览的网站，如图 4-10 所示。

在输入的网址中还可以省略【http://】，直接输入 www.wztvu.com，也可以达到同样效果。您在地址栏中输入的信息还会在系统中保存一段时间。单击地址栏右边的下拉箭头，会出现以往输入地址的列表，选择一个就可以打开该网页，如图 4-10 所示。

3. 网页链接

我们在浏览器中所看到的是一个个的网页。而网站是由许多网页组成的，首先显示的叫主页。主页和其他网页间通过"超级链接"相互连接。"超级链接"可以是一段文字，也可以是一个图标，鼠标经过它时，该文字会变色或光标变成手形，单击它就可以进入所链接的网页。

4. 前进和后退

在浏览过程中，随时可以在已经浏览过的网页之间转换，最常用的就是前进和后退。单击工具栏中的【后退】按钮，可以退到上一个浏览过的网址，如果单击【前进】按钮右边小三角形标志，会弹出一个下拉列表，罗列出所有已访问过的网址，可以从列表中直接选中你想去的网址，如图 4-11 所示。

图 4-10

图 4-11

如果已经使用过【后退】按钮，则工具栏中的【前进】按钮变得可以使用了。单击【前进】按钮，可以再次前进到已经去过的一个网址。

5. 关闭 IE 浏览器

单击 IE 窗口右上角的 ✕ 按钮，或单击菜单【文件】下的【退出】，即可关闭 IE 浏览窗口。

4.2.3　保存网页

进行保存网页操作时，可以将网页的全部内容或者网页中的某些元素保存下来。

1. 保存网页的全部信息

（1）打开任意网站，单击【文件】菜单下【另存为】，出现如图 4-12 所示的文件对话框。

（2）选择准备用于保存网页的文件夹，在【文件名】中输入或改变网页的名称，在【保存类型】中，选择【Web 页，全部】，单击【保存】，就可以把当前显示的网页保存到硬盘中另外一个永久的地方。选择"Web 页，全部"类型后，保存下来的文件为 1 个网页（HTML）文件和一个同名文件夹，里面有要正确显示该网页时所需的全部辅助文件，包括图像、框架和样式表等。调用时，双击这个 HTML 文件就可以浏览这个网页了。

2. 保存网页中的文本

如果只保存当前网页上的文本，那么在"保存类型"中选择"文本文件"，如图 4-13 所示。该选项将以纯文本格式保存网页信息。

图 4-12　　　　　　　　　　　　　　　　图 4-13

3. 保存网页中的图片

在浏览网页时，可以将自己喜欢的图片单独保存在自己的电脑中。

（1）打开任意有图片网站，右击要保存的图片，在弹出的快捷菜单中选中【图片另存为】命令，打开【保存图片】对话框。

（2）选择图片保存位置，在【文件名】文本框中输入图片保存名称，在【保存类型】下拉列表框中选中 JPEG 选项，单击【确定】按钮，保存图片。

4. 打印网页

打印网页是一种在电脑外永久保存网页的好方法。单击【文件】菜单下的【打印】按钮，可以把当前页面打印下来。

4.2.4 收藏网页

在浏览网页时，如果遇到喜欢的网页，通过浏览器的"收藏夹"功能，可以将这些网页保存起来。同样，也可以将一些我们常用的网站或网页添加到收藏夹中，不必每一次打开这些网页都要输入地址。

1. 将网页添加到收藏夹

（1）双击桌面 IE 图标启动 IE 浏览器，在地址栏上输入【123.baidu.com】后按 Enter 键，打开百度老年人搜索网页。

（2）选择【收藏夹】菜单下【添加到收藏夹】命令，如图 4-14 所示，打开"添加收藏"对话框。

图 4-14

（3）在【名称】文本框中输入您要添加到收藏夹的网页名称"常用搜索网页"，在【创建位置】下拉列表框中选中添加到收藏夹的位置，如图 4-15 所示。单击【添加】按钮就可以把百度老年搜索网页地址保存在收藏夹中了。

（4）在下次启动 IE 浏览器或从当前页面跳转到百度老年人搜索网页，可以选择【收藏夹】命令，在弹出的下拉菜单中选择【常用搜索网页】即可转到该页面，如图 4-16 所示。

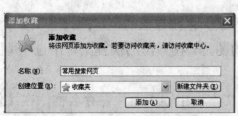

图 4-15

图 4-16

2. 整理收藏夹

当收藏的网页比较多的时候，就要经常整理它。单击【收藏夹】菜单下【整理收藏夹】命令，打开【整理收藏夹】对话框，如图 4-17 所示。您可以执行创建文件夹、将网页移到至文件夹、重命名文件夹或网页、删除文件夹或网页操作。

（1）创建文件夹：当收藏夹中添加的网页较多时，要新建文件夹来分类管理网页。单击图 4-17 中的【新建文件夹】按钮，就在当前的位置出现一个名叫"新建文件夹"的文件夹，输入文件名称，例如"搜索"，按 Enter 键即可。

（2）将网页移至文件夹：选择要移动的网页"常用搜索网页"，单击【移动】按钮，打开【浏览文件夹】对话框，单击要移至的【搜索】文件夹，如图 4-18 所示，最后单击【确定】按钮，就将【常用搜索网页】的网址保存在【搜索】文件夹中。

（3）重命名文件夹或网页：选中所需重新命名的文件夹或网页，例如"搜索"文件夹，单击【重命名】按钮，输入新的名称"生活"后按 Enter 键即可。

（4）删除文件夹或网页：选中所需删除的文件夹或网页，例如"生活"文件夹，单击【删除】按钮，在打开的【确认文件夹删除】对话框，如图 4-19 所示，单击【是】按钮，将该文件删除。

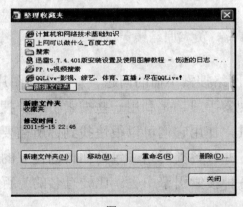

图 4-17

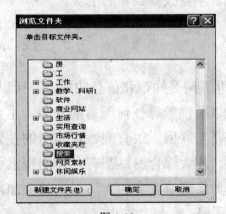

图 4-18

图 4-19

4.2.5　设置主页

主页又称首页，就是启动 IE 浏览器时第一个展现在我们面前的网页，可以将一些经常访问的网站或网页设置为浏览器主页，这可以让我们一打开 IE 就可以进入想到的网站页面。如果把【百度老年人搜索】设为首页，具体操作如下：

（1）启动 IE 浏览器，在地址栏输入【123.baidu.com】后按 Enter 键。

（2）单击工具栏上的 按钮后的三角下拉按钮，选择【添加或更改主页】命令，如图 4-20 所示对话框，

（3）选中"将此网页用作唯一主页"，单击【是】按钮，如图 4-21 所示。

图 4-20　　　　　　　　　　　　　　　图 4-21

（4）这时显示的仍然是以前的主页，要等到下一次运行 IE，或单击工具栏 按钮，才会改变到新的主页。

4.3　搜索网络资源

互联网是知识和信息的海洋，可以通过网络搜索不懂的问题、感兴趣的图片、音乐以及视频等任何所需的资源。主要的搜索手段，是利用一些搜索引擎，搜索引擎是互联网上很直观、很实用的搜索工具，使用它们可以很快找到你所需要的信息。各大综合网站都有自己的搜索引擎，并且各类网站（包括你自己建立的网站）如果想有更多的人访问，就要加入到各种搜索引擎中去。比较有名的为百度搜索引擎。

4.3.1　搜索关键字

无论是在生活或是工作中，我们都经常会遇到这样、那样不懂的问题，现在通过网络，可以很方便地搜索问题找到对应的答案。如果我们想知道"温州模式"有关的问题，具体操作如下：

（1）启动 IE 浏览器，在地址栏上输入百度搜索网页地址 www.baidu.com，单

击 Enter 键，打开百度网页，如图 4-22 所示。

　　（2）在百度搜索文本框中输入您想要的问题相关文字，如"温州模式"，然后按下 Enter 键或者单击【百度一下】按钮即可开始搜索，稍等片刻，就出现了搜索结果，如图 4-23 所示，共有 900 多万个条目（标题和简介），单击标题就可进入任意感兴趣的关于温州模式网站。

图 4-22

图 4-23

4.3.2　搜索图片

　　现在，网络上的图片可谓是精彩纷呈，有精美的风景，有网友们精心制作的作品，还有许多有意义的历史老照片。通过网络可以搜索到这些我们喜欢的图片。如果想搜索温州国家重点风景名胜区的雁荡山图片，具体操作如下：

　　（1）启动 IE 浏览器，打开百度网页，单击【图片】按钮，进入百度图片网页。

　　（2）在搜索文本框中输入问题相关文字，如"雁荡山"文字，此时在文本框下方列表中将自动列出所有与雁荡山相关的文字选项，选中所需要的文字选项，如图 4-24 所示。

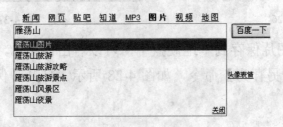
图 4-24

（3）此时将自动转到搜索结果页面，如图 4-25 所示，该页面中列出了相关图片的缩略图。

图 4-25

（4）单击某一张缩略图，将会打开一个新窗口用于显示原始大小的图片，如图 4-26 所示。并可以单击屏幕上方【全屏观看】按钮，进行全屏观看，如图 4-27 所示。

图 4-26

图 4-27

（5）要将当前图片保存到本地硬盘中，可以右击该图片，然后再右击，在下拉菜单中选择【图片另存为】命令，如图 4-28 所示。打开【保存图片】对话框，如图 4-29 所示。

图 4-28　　　　　　　　　　　　　　　　图 4-29

（6）在该对话框中输入文件名"雁荡山"，然后设置保存文件目录，单击【保存】按钮即可。

4.3.3　搜索音乐

回忆中的老歌已经许久不再响起，现在有了网络，您又可以重温那些经典的老歌了，即便忘记了歌词也没有关系，我们还可以顺便查找歌词。我们可以通过"百度 MP3"搜索查找所需要的音乐，具体方法操作如下：

（1）启动 IE 浏览器，打开百度网页，单击 MP3 按钮，进入百度 MP3 网页。

（2）在搜索文本框中输入您想要听的歌曲名称，如邓丽君的《甜蜜蜜》，如图 4-30 所示。然后按 Enter 键或者单击【百度一下】按钮即可开始搜索。

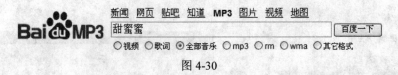

图 4-30

（3）在打开百度 MP3 搜索结果列表页中提供了符合搜索条件的链接，并在每个搜索到的"甜蜜蜜"链接后标识了歌手名、歌词、文件格式、文件大小等信息，如图 4-31 所示。

	歌曲名	歌手名	专辑名	试听	歌词	格式	大小	链接速度
01	甜蜜蜜	邓丽君	邓丽君永远的珍藏 dsd	▶	♪	mp3	3.0M	▯▯▯▯▯▯▯▯
02	甜蜜蜜	邓丽君	甜蜜蜜	▶	♪	wma	3.0M	▯▯▯▯▯▯▯▯
03	甜蜜蜜	邓丽君	甜蜜蜜	▶	♪	mp3	2.0M	▯▯▯▯▯▯▯▯
04	甜蜜蜜	黎明		▶	♪	mp3	3.0M	▯▯▯▯▯▯▯▯

图 4-31

（4）单击某一个搜索结果列表右侧的文字超链接"试听"，将打开一个"MP3试听"窗口并开始自动播放音乐，单击【歌词】按钮还可以查询歌词，如图 4-32所示。

（5）MP3 音乐不但可以在网上直接收听，还可以将其下载保存到电脑中，在试听页面里可以看到此 MP3 的下载链接地址。右击歌曲下载链接地址，在弹出的快捷菜单中选择【目标另存为】命令，如图 4-33 所示。

（6）在弹出【另存为】对话框中，单击右边【桌面】，设置 MP3 音乐文件保存的位置，然后填写好文件名"甜蜜蜜"，单击【保存】按钮，如图 4-34 所示。

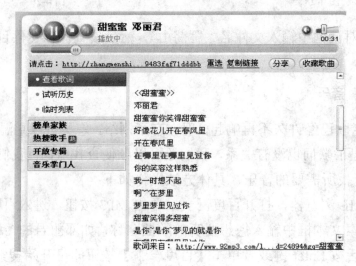

图 4-32

图 4-33

图 4-34

（7）弹出下载进度提示对话框，此时将开始下载 MP3 音乐，如图 4-35 所示。

（8）下载结束后弹出下载完毕对话框，如图 4-36 所示，单击【打开】按钮可以直接开始播放，单击【关闭】按钮关闭窗口，这时 MP3 音乐将被保存在桌面。

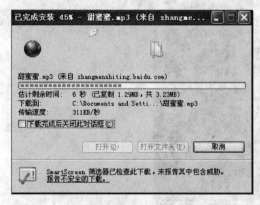

图 4-35

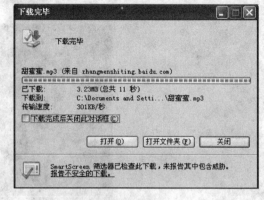

图 4-36

4.3.4　搜索视频

光听音乐还是不过瘾，为了全面满足视听的需要，我们还可以在网络上搜索相关的视频。可以通过百度视频搜索查找所需要的视频，具体方法操作如下：

（1）启动 IE 浏览器，打开百度网页，单击【视频】按钮，进入百度视频网页。

（2）在搜索文本框中输入您想要看的视频名称，如"邓丽君的甜蜜蜜"，然后按下 Enter 键或者单击【百度一下】按钮即可开始搜索。搜索结果列出了全部相关邓丽君视频的缩略图，如图 4-37 所示。

图 4-37

（3）单击某一张要看的视频缩略图，即可开始欣赏视频，如图 4-38 所示。双击播放屏幕可以进行全屏观看。

图 4-38

4.4　下载网络资源

　　网络上的资源包罗万象，有电影文件、音乐、视频教程、文本资料等，您可以将其下载到自己的电脑上使用。下面结合例子介绍网络中下载资源的各种方法。

　　使用 IE 下载是最基本的下载方式，它不需要其他软件，IE 8.0 浏览器本身提供了下载功能，在浏览器中就可以完成资源的下载。可以把"迅雷"工具软件下载到桌面，具体方法操作如下：

　　（1）启动 IE 浏览器，在地址栏输入http://dl.xunlei.com/xl7.html，然后按下 Enter 键打开迅雷软件中心，如图 4-39 所示。

图 4-39

　　（2）单击【立即下载】按钮，在弹出的【文件下载】对话框中单击【运行】

按钮，如图 4-40 所示。

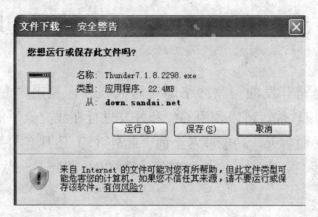

图 4-40

（3）在弹出【另存为】对话框上单击左边【桌面】，设置迅雷文件保存的位置为"桌面"，然后填写好文件名"迅雷"，单击【保存】按钮，如图 4-41 所示。

（4）此时将开始下载迅雷软件，并显示下载进度，最后弹出下载完毕对话框，如图 4-42 所示。

图 4-41

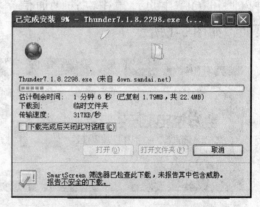

图 4-42

（5）单击【关闭】按钮，此时迅雷下载软件将被保存在桌面上。

（6）如果要马上安装软件，可以双击桌面上的迅雷文件图标，在弹出的【打开文件】对话框中单击【运行】按钮，进入迅雷安装界面。依次单击【接受】/【下一步】/【完成】按钮完成安装。

第 5 章　使用 QQ 与亲朋好友网上聊天

QQ 是腾讯公司开发的一款网络即时聊天软件，是国内应用最广泛的基于 Internet 的即时通信软件。可以使用 QQ 和好友进行在线交流，信息即时发送和接收，语音视频面对面聊天，功能非常全面。此外 QQ 还具有与手机聊天、点对点断点续传传输文件、共享文件、QQ 邮箱等。目前 QQ 不止是一款单纯的通信软件，它还能在线娱乐。

5.1　下载安装 QQ 软件

要使用 QQ，必须先在电脑上安装 QQ 软件，您可以到腾讯公司的主页免费下载 QQ 的安装软件，然后进行安装即可，下载 QQ 软件具体方法操作如下：

（1）启动 IE 浏览器，在搜索文本框中输入"www.qq.com"，然后按 Enter 键进入腾讯 QQ 主页，单击左边"通信"栏下面的"QQ 软件"，打开软件中心下载页面，如图 5-1 所示。

图 5-1

（2）在列出的腾讯软件上，单击最新版本的软件后面的"下载"链接，弹出【文件下载】对话框，如图 5-2 所示。

（3）单击【运行】按钮，进入"安装向导"界面，选择"我阅读并同意软件许可协议和青少年上网安全指引"，如图 5-3 所示。单击【下一步】按钮进入"程序安装目录选择界面"。

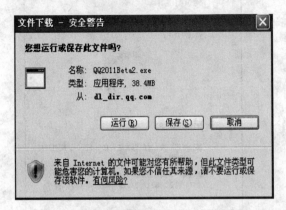

图 5-2

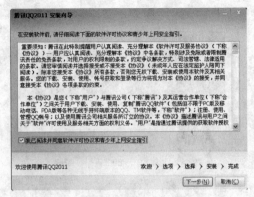

图 5-3

（4）选择安装目录后单击【下一步】按钮，此时将开始安装 QQ 软件，并显示下载进度，如图 5-4 所示，最后单击【完成】按钮完成安装。

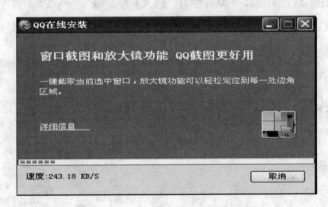

图 5-4

5.2　申请 QQ 号码

在使用 QQ 上网聊天前，首先必须需要有一个 QQ 号码，这与您到银行开户一样道理，QQ 号码就相当于您的账号。可以在网站上申请免费 QQ 号码，也可以通过 QQ 软件来完成，具体方法操作如下：

（1）双击桌面上的 QQ 图标，打开【QQ 用户登录】对话框，如图 5-5 所示。

（2）单击【注册号码】按钮，打开"申请 QQ 账号"页面，如图 5-6 所示。

图 5-5

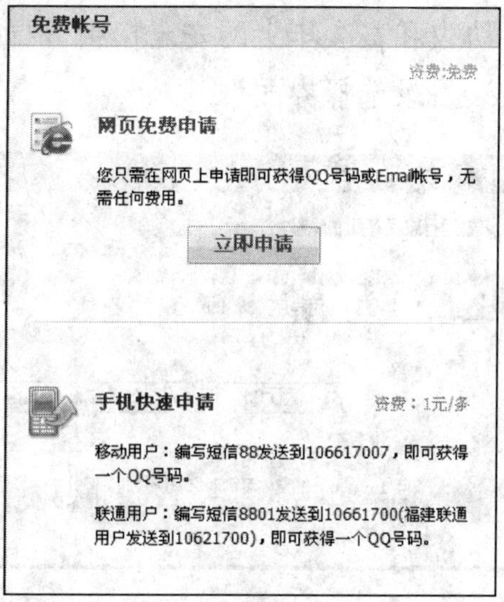

图 5-6

（3）单击左侧的网页免费申请图标下面的【立即申请】按钮，进入申请免费QQ 账号页面，如图 5-7 所示。单击申请【QQ 号码】进入 QQ 会员信息填写页面，如图 5-8 所示。

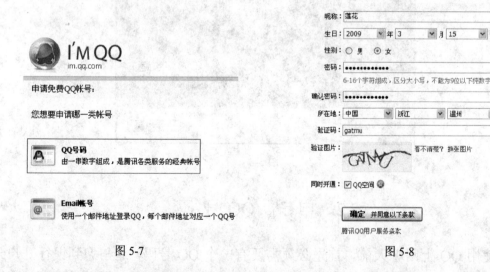

图 5-7

图 5-8

（4）在认真阅读页面上的信息基础上，按照要求填写各个项目，然后单击【确定　并同意以下条款】按钮，申请成功后如图 5-9 所示。请大家用笔记住"您获得的号码为："后面红色的数字，这就是你的 QQ 号码。

填写表单应注意几点：

① "昵称"一般是根据电脑用户喜好填写，以后也可以更改。

② "密码"可取多位数，一般 6 位数以上，但不能是纯数字，"确认密码"必

须与在"密码"文本框上输入的密码一样。

图 5-9

③"验证码"输入下面"验证图片"后面显示的字符，看不清楚可以单击"换张图片"。

④最好用笔记下输入的密码，以备忘记后查找。

（5）单击【立即获取保护】按钮弹出"我的密保"页面，单击【现在升级】按钮，选择"密保问题"后单击【下一步】按钮，填写三个问题和答案，如图 5-10 所示，单击【下一步】按钮将让你再一次填写在前面设置过的问答题内容。逐条填写完后，单击页面底端的【下一步】按钮。

图 5-10

（6）还会让你设置保密手机，如果您不想设置的话可以直接单击【下一步】按钮，密保问题设置完成。

5.3　启动并登录 QQ

QQ 号码申请成功后，您就可以登录 QQ 进行聊天了。具体操作如下：

（1）双击桌面的 QQ 图标，弹出 QQ 登录对话框，在该对话框中输入 QQ 号码和密码，如图 5-11 所示。如果您使用的电脑确信没有外人随便开启您的电脑，您可以选择"记住密码"，这样以后每次启动 QQ 就不需要手工输入口令，非常方便。

（2）单击【安全登录】按钮，首次登录 QQ，系统为了保障您的信息安全，需要选择上网环境，可选择【普通模式】登录，也可根据上网环境的不同，选择不同的登录模式。最后单击【确定】按钮完成 QQ 登录。

（3）QQ2011 版登录后的界面如图 5-12 所示，QQ 好友分为"我的好友"、"朋友"、"家人"、"同学"、"企业好友"、"陌生人"、"黑名单"七大类。当然您可以根据您的需要添加和删除。

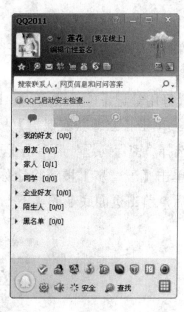

图 5-11   图 5-12

5.4 查找添加好友

可以看到，虽然我们已经登录了 QQ，但是"QQ 好友"栏里却是空白，要想通过 QQ 进行聊天没有对象可不行，这时，就需要添加我们聊天的对象，也就是添加 QQ 好友。如果您的好友的 QQ 号为 1084748722，添加好友具体操作如下：

（1）单击 QQ 界面下方的【查找】按钮，打开【查找/添加 QQ 好友】对话框。

（2）在其中选择一种查找好友方式，这里选"精确查找"单选项。然后在"账号"栏里输入你要查找好友的号码 1084748722，如图 5-13 所示。

图 5-13

（3）单击【查找】按钮。弹出显示查找到符合条件 QQ 用户的昵称及来自何处等信息，如图 5-14 所示。

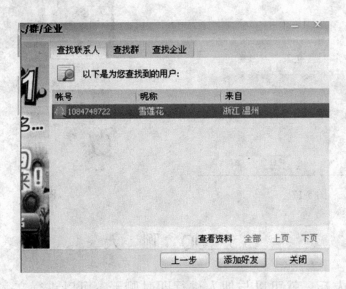

图 5-14

（4）单击【添加好友】按钮，在弹出的对话框中，您需要在"请输入验证信息："文本框中输入"我是你的好友***，请加我哦"，选择我的好友"分组："为我的好友，如图 5-15 所示。

（5）单击【确定】按钮，弹出等待确认对话框，如图 5-16 所示，单击【关闭】按钮。如果对方通过了验证，QQ 面板最下方的　图标会闪烁，表示有新的消息。单击该图标，跳出好友接受你的请求对话框，如图 5-17 所示，单击【完成】按钮完成添加 QQ 好友操作。

图 5-15

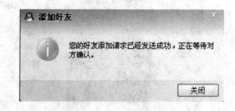

图 5-16

（6）此时可在 QQ 面板"我的好友"分组下看到好友的头像了，如图 5-18 所示，你们两人就可以互发消息了。

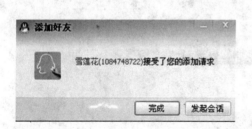

图 5-17

图 5-18

5.5　QQ 聊天

添加 QQ 好友后，就可以与他人进行即时聊天，可以进行文字、语音或视频聊天。

1.　与好友进行文字聊天

QQ 文字聊天是该软件一项最重要的功能，在文字聊天中还可以插入表情，下面就来看看常说的上网聊天是怎么回事。

在 QQ 工作面板中，不在线的用户头像为灰色，在线用户头像显示为彩色，您可以给他们发送消息，具体方法操作如下：

（1）在 QQ 面板中双击好友的头像，打开与其进行聊天的窗口。

（2）把你要说的"你好"输入到打开的窗口下方的文字框中，然后可以单击 按钮，在弹出的表情列表中选择表情图像，如图 5-19 所示。

（3）单击 发送(S) 按钮或按 Ctrl+Enter 组合键，即可发送消息，如图 5-20 所示。

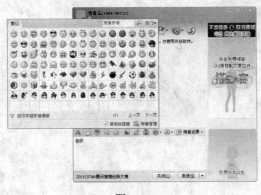

图 5-19

图 5-20

（4）当对方回复信息时，音箱或耳机中会发出提示音，同时在聊天记录窗格中显示对方发送的信息，如图 5-21 所示。

（5）单击聊天窗口工具栏中的 A 按钮，显示出字体工具栏，在【字体】下拉列表框中选择【楷体】选项，在【大小】下拉列表框中选择 16 选项，单击 按钮，在打开的对话框中选择【红色】后单击【确定】按钮，以后您发出的文字消息就有一定的格式了，如图 5-22 所示。

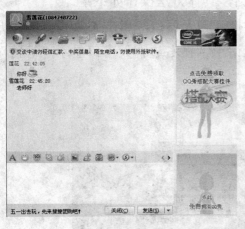

图 5-21

图 5-22

2.　与好友进行语音聊天

如果你与好友都有话筒、音箱或耳麦等设备，则可以通过 QQ 进行语音聊天，和通过电话聊天一样方便，具体方法操作如下：

（1）双击要进行语音聊天的好友头像打开聊天窗口，单击工具栏上的"开始语音会话"按钮，向好友发送语音聊天请求，在右边聊天窗口显示"等待对方接受邀请"信息，如图 5-23 所示。单击【取消】按钮，可以取消发送语音聊天请求。

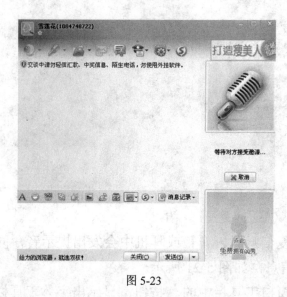

图 5-23

（2）待对方接受请求后，建立语音连接，就可以通过麦克风进行语音聊天了。

3．与好友进行视频聊天

视频聊天是现在比较流行的网络通信方式，如果配置了摄像头，就可以与远方的子女进行视频聊天了，相当于面对面谈话，具体方法操作如下：

（1）双击要进行视频聊天的好友头像打开聊天窗口，单击工具栏上的【开始视频会话】按钮，向好友发送视频聊天请求，在右边聊天窗口显示"等待对方接受邀请"信息，如图 5-24 所示。

图 5-24

（2）对方接受请求信息后，建立视频连接，就可以通过摄像头进行视频聊天。

（3）在聊天窗口右上方的"视频聊天"窗格中显示对方的影像，在右下方显示自己的影像。

5.6　使用 QQ 传输文件

除了使用 QQ 进行聊天外，还可以跟好友传递任何格式的文件，例如图片、文档、歌曲等。您可以将本地电脑中的文件发送给远方的好友，也可以接收好友给你发送的文件。

1. 发送文件

（1）双击要发送文件的 QQ 好友头像，打开聊天窗口。

（2）单击工具栏上的【传输文件】按钮，在弹出菜单中选择"发送文件"选项，打开【打开】对话框。

（3）选择要发送的文件，单击【打开】按钮（或者可以把要传输的文件直接拖到聊天窗口也可以达到上面三步功能）。

（4）向好友发送文件请求，在聊天窗口显示"发送文件请求"信息，如图 5-25 所示。

（5）等待对方接受请求后，建立连接开始发送文件，并出现传送进程，如图 5-26 所示。

图 5-25

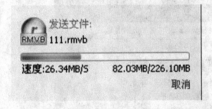

图 5-26

（6）如果对方好友不在线，选择【发送离线文件】，发送成功后是把您发送的文件上传到 QQ 服务器，并保存 7 天，对方好友在 7 天内上去都可以接收到您给他发的文件。

2. 接收文件

（1）如果好友给你发来了信息，你将看到"收到文件的请求"信息，如图 5-27 所示。

（2）最好单击【另存为】按钮，在弹出的【另存为】对话框中选择自己希望要保存的位置，比如"桌面"，单击【保存】按钮，建立连接，并开始接收文件，如图 5-28 所示。

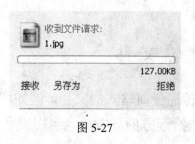

图 5-27

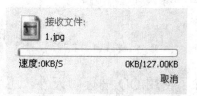

图 5-28

5.7 QQ 系 统 设 置

在网络上与别人联系，没有个性鲜明的个人说明与个性化设置是不行的，下面就看看怎么来设置 QQ 的个人资料。

1. 个人资料设置

（1）单击 QQ 界面左下方的【菜单】按钮，然后在弹出的菜单中依次选中【系统设置】→【个人资料】，如图 5-29 所示，单击【个人资料】弹出【我的个人】对话框，如图 5-30 所示。

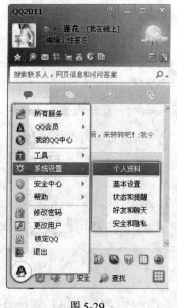

图 5-29

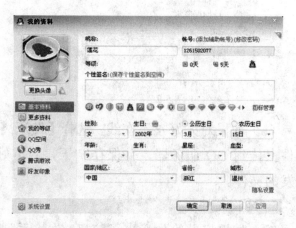

图 5-30

（2）在该对话框中可以对昵称、个性签名、头像、性别、年龄等进行设置，资料修改完后单击【确定】按钮即可更改。

2.　基本设置

（1）同样方法，单击 QQ 界面左下方的【菜单】按钮，然后在弹出的菜单中选中【系统设置】，在【系统设置】下拉菜单下对【基本设置】进行设置，如图 5-31 所示。

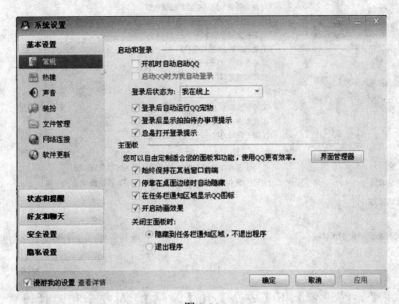

图 5-31

（2）同样，单击【系统设置】下【状态和提醒】，对状态和提醒进行设置，如图 5-32 所示。

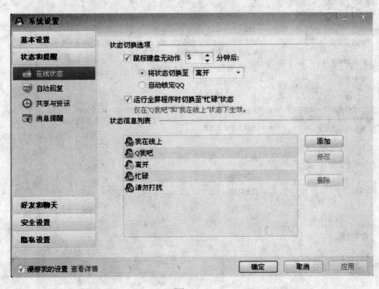

图 5-32

（3）单击【系统设置】下【好友和聊天】，对好友和聊天进行设置，如图 5-33 所示。

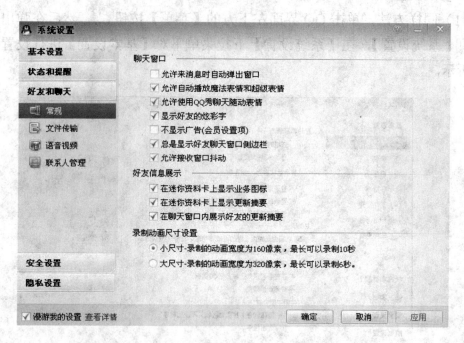

图 5-33

（4）单击【系统设置】下【安全】和【隐私】，对安全和隐私设置，如图 5-34 所示。在这里，可以对聊天记录是否保存进行设置，当前面打勾时，退出 QQ 时自动删除所有的聊天信息记录。

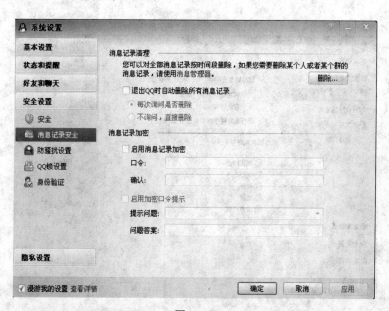

图 5-34

3．修改密码

同样方法，单击 QQ 界面左下方的【菜单】按钮，然后在弹出的菜单中选中【修改密码】，弹出如图 5-35 所示对话框，填写原来的旧密码和新密码，输入验证码后单击【确定】按钮，弹出修改完成对话框，如图 5-36 所示，完成修改任务。

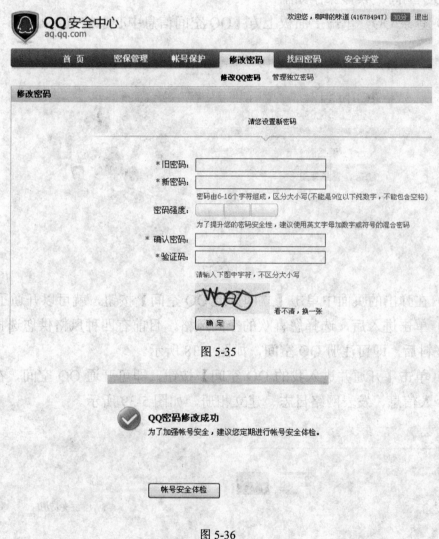

图 5-35

图 5-36

5.8　创建网络 QQ 空间

QQ 空间（Qzone）是腾讯公司于 2005 年开发出来的一个个性空间，具有博客 (blog) 的功能，自问世以来受到众多人的喜爱。在 QQ 空间上可以书写日记，上传自己的图片，听音乐，写心情，通过多种方式展现自己。除此之外，还可以根据自己的喜爱设定空间的背景、小挂件等，从而使每个空间都有自己的特色。

5.8.1 QQ 空间的开通

首先需要有一个 QQ 号码，这样就会有一个 QQ 空间，每一个 QQ 号都可以申请一个 QQ 空间。具体操作如下：

（1）登录 QQ，单击主面板上方【QQ 空间信息中心】按钮，如图 5-37 所示。

图 5-37

（2）在弹出的页面中单击【立即开通 QQ 空间】按钮，就可以开通了。

（3）单击进入后，选择您喜欢的空间风格，目前有四种风格供您选择。填写好个人资料后，即可注册 QQ 空间，如图 5-38 所示。

（4）单击【开通并进入我的 QQ 空间】按钮，即可开通 QQ 空间，在这里可以修改个人信息、发表网络日志、建立相册，如图 5-39 所示。

图 5-38

图 5-39

5.8.2　QQ 空间日志

QQ 空间日志是腾讯公司开发的一款与博客相似的新产品，QQ 空间日志又分为公开日志与私密日志两种。在 QQ 空间可以书写日记，具体操作如下：

（1）单击打开的空间页面的【日志】按钮，单击【写日志】按钮，如图 5-40 所示。

图 5-40

（2）填写日志标题：也可以根据您的喜好填写新标题，自由输入用一句简短的话描绘出您心中的喜悦。

（3）选择分类为【个人日记】，权限为【公开】，单击【发表日志】按钮 发表日志 。

（4）如果想写私密记事，在日志列表页单击【私密日志】，用同样方法可以写私密日志了。

（5）还可以单击右上方【写魔方日志】，来写魔方日志，如图 5-41 所示。

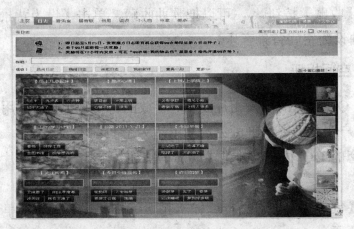

图 5-41

5.8.3　QQ 音乐盒

QQ 音乐是中国最大的网络音乐平台，是中国互联网领域领先的正版数字音乐服务提供商，是腾讯公司推出的一款免费音乐播放器，向广大用户提供方便流畅的在线音乐和丰富多彩的音乐社区服务，海量乐库在线试听、卡拉 OK 歌词模式、最流行新歌在线首发、手机铃声下载、超好用音乐管理。在收听同时可以把你认为好的歌曲添加到【我的收藏】，以便以后收听，也可以设置为【背景音乐】。

（1）登录 QQ 空间，单击【音乐盒】按钮，单击【正版音乐库】，进入音乐库，如图 5-42 所示。

图 5-42

（2）选择你喜欢的歌曲，单击歌曲文字链接可以进行收听。

（3）单击【收藏】按钮★，可以把歌曲收藏，单击【设为背景音乐收藏】按钮，该歌曲设为空间背景音乐。

5.8.4　QQ 空间相册

空间相册是 QQ 用户的个人相片展示、存放的平台，所有 QQ 用户免费享用相册，QQ 黄钻用户和会员用户更可免费享用超大空间。

（1）登录您的 QQ 空间，单击【相册】按钮，单击【上传照片】按钮，如图 5-43 所示。

（2）弹出【创建相册】对话框，输入相册名称和相册描述，单击【确定】按钮，如图 5-44 所示。

图 5-43

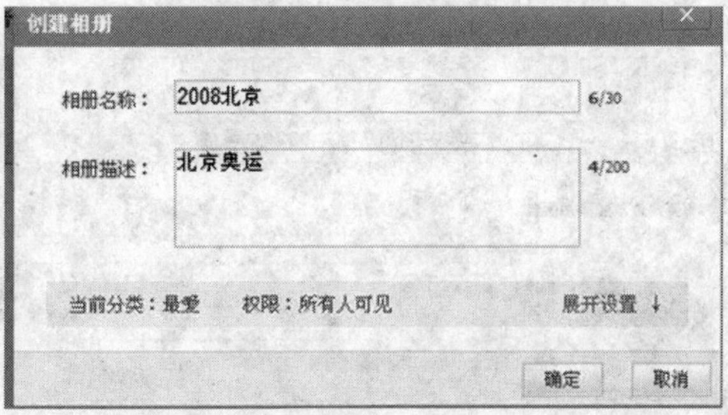

图 5-44

（3）进入添加相片页面，单击【添加照片】按钮，在你的电脑中选择照片后单击【打开】按钮，如图 5-45 所示。

图 5-45

（4）单击【开始上传】按钮，开始上传照片，并显示"正在上传，请耐心等待文字"。

（5）上传完成弹出对话框如图 5-46 所示，如果还要继续上传，单击【继续上传】按钮，否则单击【完成】按钮，您还可以为照片添加信息，如图 5-47 所示。

图 5-46

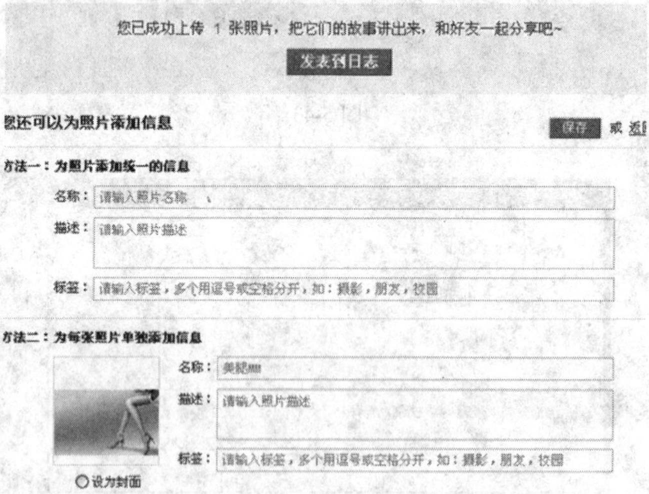

您已成功上传 1 张照片，把它们的故事讲出来，和好友一起分享吧~

发表到日志

您还可以为照片添加信息   保存 或 返

方法一：为照片添加统一的信息

名称：请输入照片名称

描述：请输入照片描述

标签：请输入标签，多个用逗号或空格分开，如：摄影，朋友，校园

方法二：为每张照片单独添加信息

名称：美腿MM

描述：请输入照片描述

标签：请输入标签，多个用逗号或空格分开，如：摄影，朋友，校园

○设为封面

图 5-47

（6）如果想看你上传的照片，可以单击【相册】按钮下的【上传照片】按钮，单击要看的相册即可浏览，如图 5-48 所示。

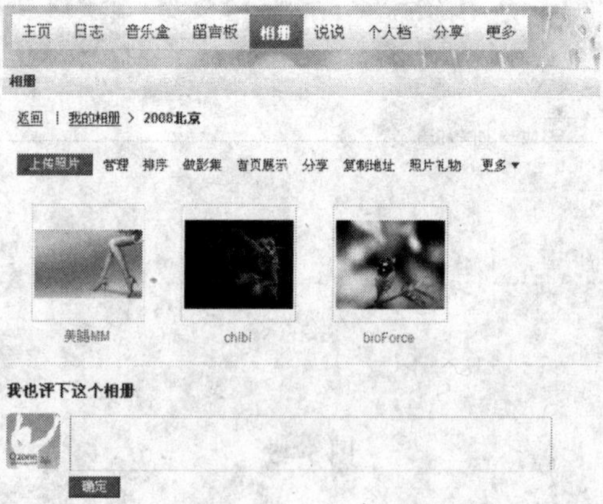

主页　日志　音乐盒　留言板　相册　说说　个人档　分享　更多

相册

返回 | 我的相册 > 2008北京

上传照片　管理　排序　做影集　首页展示　分享　复制地址　照片礼物　更多▼

美腿MM　　　chibi　　　broForce

我也评下这个相册

确定

图 5-48

第6章　网络娱乐新世界

网络不仅可以给我们提供大量信息以及快捷的交流渠道，还可以给我们带来不一样的娱乐新体验。在拥有网络之后，就可以使用网络电视点播我们想看的电影电视，还可以在优酷网、土豆网等视频网站上搜索有趣的视频，也可以足不出户与好友们打牌、下棋。

6.1　网上看视频

随着网络技术日新月异的发展，在线看电影已经非常便利了，并且清晰度和流畅度也越来越好。在线看电影的优点在于无需去电影院或购买光碟，即可收看最新大片或经典的片段，还可以下载 PPLive、PPStream 等专门的播放软件，通过这些播放软件观看。

6.1.1　使用 PPLive 看电影

PPLive 是一款用于互联网上大规模视频直播的免费共享软件，它有别于其他同类软件，PPLive 内核采用了独特的 ALM 多播和内聚算法技术，有效地降低了视频传输对运营商主干网的冲击，减少了出口带宽流量，并能够实现用户越多播放越流畅的特性，使得整体服务质量大大提高，它是当今最常用的网络播放软件之一。

（1）双击桌面上的 IE 图标启动浏览器，在地址栏中输入网址 www.pplive.com，按 Enter 键打开"PPLive 网络电视"网页，如图 6-1 所示。

图 6-1

（2）右击【免费下载】按钮，选择【目标另存为】命令，打开【另存为】对话框，如图 6-2 所示。

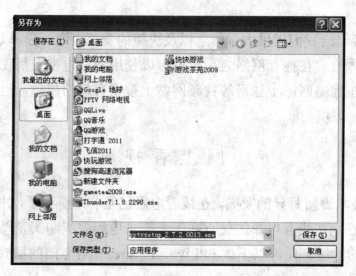

图 6-2

（3）单击【保存】按钮开始下载软件，如图 6-3 所示，待下载完毕。

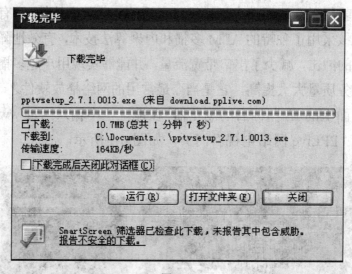

图 6-3

（4）依次单击【运行】/【运行】按钮，开始进入【PPTV 网络电视安装】界面，如图 6-4 所示。

（5）依次单击【下一步】/【我接受】/【下一步】按钮，进行安装，如图 6-5 所示。

（6）依次单击【下一步】/【下一步】/【完成】完成安装，在桌面上显示"PPTV

网络电影"图标 。

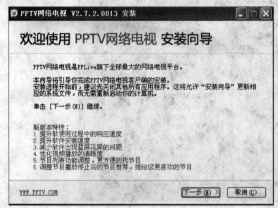

图 6-4

图 6-5

图 6-6

（7）双击桌面上"PPTV 网络电影"图标，打开播放页面如图 6-6 所示，双击选择您喜欢的电影，就可以进行观看了，如图 6-7 所示。

6.1.2 使用 PPS 看电视

PPS 网络电视全称为 PPStream，它是全球第一家集 P2P 直播点播于一身的网络电视软件，能够在线收看电影电视剧、体育直播、游戏竞技、动漫、综艺、新闻、财经资讯等。PPS 网络电视完全免费，不用注册，下载即可使用；灵活播放，随点随看，时间自由掌握。

图 6-7

（1）在线安装 PPS 网络电视的方法和 PPLive 类似，双击桌面上的 IE 图标启动浏览器，在地址栏中输入网址 www.pps.tv，按 Enter 键打开"PPS 网络电视"的主页面，如图 6-8 所示。

图 6-8

（2）单击页面上【立即免费安装】按钮，类似上面的 PPLive 安装方法，在线安装好软件，将会在桌面上显示【PPS 影音】图标 。

（3）双击桌面上显示的【PPS 影音】图标，打开播放页面如图 6-9 所示，双击选择您喜欢的电视，就可以进行观看了，如图 6-10 所示。

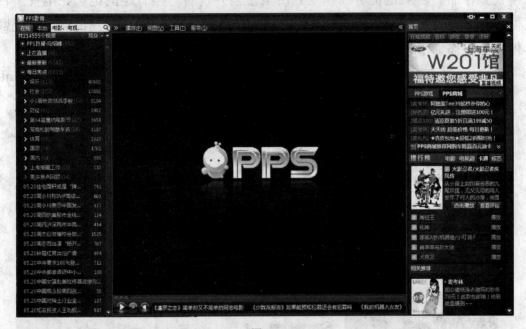

图 6-9

图 6-10

6.1.3　在土豆网上看视频

土豆网是中国最早和最大的视频分享平台，可以通过其平台轻松发布、浏览和分享视频作品。也就是说可以在土豆网上搜索并查看一些有趣的电影、电视节目，还可以查看网友们分享的个人视频。如果想在土豆网上找"别对我说谎"电视剧，具体方法操作如下：

（1）启动 IE 浏览器，在地址栏上输入土豆网网址www.tudou.com，按 Enter 键，打开土豆网页面，如图 6-11 所示。

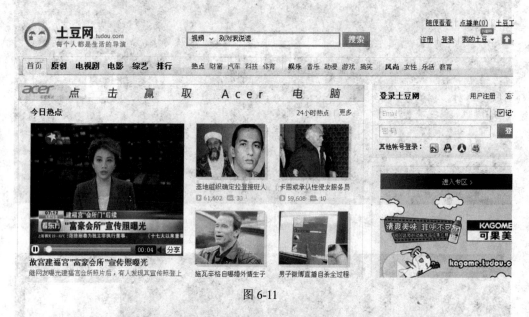

图 6-11

（2）在搜索栏中输入要收看的视频名称"别对我说谎"，单击【搜索】按钮，打开搜索信息列表页面，如图 6-12 所示。

（3）在搜索信息列表页面，单击要收看的视频链接，其中带有🅷标识的，表示高清视频，一般情况下，搜索同一视频内容会显示多个视频链接，推荐选择高清晰视频。

（4）打开视频播放页面，待缓冲完成后，即可播放视频内容如图 6-13 所示。

在土豆网的视频播放结束之后，会在播放窗口中央弹出【重播】和【分享】两个按钮。单击【重播】按钮可以重新播放刚才的视频片段；单击【分享】按钮将会打开一个【制造超级邮件窗口】，在改窗口的【收件人】文本框中填写好友的电子邮件地址，在【正文】文本框中填写推荐内容，然后输入自己的名字和验证码，单击【发送】按钮即可讲一个超级链接以邮件的方式发送给好友，好友单击该链接即可欣赏这段视频。

图 6-12

图 6-13

6.1.4　在优酷网看视频

优酷网是中国领先的视频分享网站，是中国网络视频行业的第一品牌。我们同样在优酷网上搜索并在线收看视频，为用户浏览、搜索、创造和分享视频提供最高品质的服务。如果我们想在优酷网上看电影"奋斗"，具体操作方法如下：

（1）启动 IE 浏览器，在地址栏输入网址"www.youku.com"，按 Enter 键，打开优酷网的页面，如图 6-14 所示。

（2）在搜索栏中输入要收看的视频名称"奋斗"后，单击【搜索】按钮，打开搜索信息列表页面，如图 6-15 所示。

图 6-14

图 6-15

（3）在搜索信息列表页面，单击要收看的视频链接或者视频的缩略图。

（4）打开视频播放页面，待缓冲完成后，即可播放视频内容，如图 6-16 所示。

图 6-16

（5）双击播放区域，可以进行全屏播放。

优酷视频播放器快捷键使用：

非全屏时鼠标焦点在播放区域内适用，全屏时完全适用，如图 6-17 所示。

图 6-17

最近在看使用：

最近在看记录您近期观看的视频，帮助您快速找到以前看过的视频。未看完的视频也会被记录，下次打开播放页，单击"继续观看"即可如图 6-18 所示。

图 6-18

6.2 网 上 游 戏

网络游戏可以说是一个大众房间，它可以让不同国家和地域的人聚集在一个"虚拟房间"内，进行游戏与交流。网络游戏包括一些小型游戏，如象棋、五子棋、双扣、麻将等；还包括一些大游戏，如传奇、奇迹等，可以根据自己的喜好在网络中选择一种类型进行游戏。

对于中老年朋友来说，比较常见的有联众世界、QQ 游戏、游戏茶苑等。本书主要以游戏茶苑为例介绍在线玩麻将游戏的方法。

如果已经申请了 QQ 号码，那么要玩 QQ 游戏很简单，具体操作如下。

6.2.1　QQ 游戏

1.　登录 QQ 游戏大厅

（1）使用第 5 章介绍的方法，首先登录到 QQ 主界面。

（2）在 QQ 主界面中，单击下方如图中的【QQ 游戏】按钮。第一次由于尚未安装 QQ 游戏大厅，因此会弹出【在线安装】对话框，如图 6-19 所示。在该对话框中单击【安装】按钮，进入在线安装界面，如图 6-20 所示。

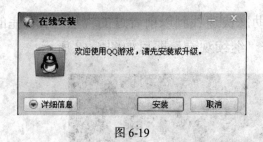

图 6-19

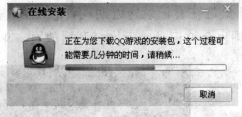

图 6-20

（3）此次，将会自动下载 QQ 游戏的安装包，下载完毕后自动打开安装界面，如图 6-21 所示，单击【下一步】按钮进入许可证协议界面，如图 6-22 所示。

（4）单击【我接受】按钮，弹出安装位置窗口，单击【安装】进行默认路径安装。

（5）单击【下一步】按钮开始安装，安装完毕单击【下一步】进行【安装选项】。

（6）单击【下一步】按钮选择默认安装，如图 6-23 所示。最后单击【完成】按钮自动弹出 QQ 游戏大厅的登录界面，如图 6-24 所示。

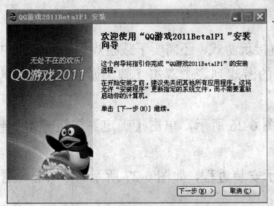
图 6-21

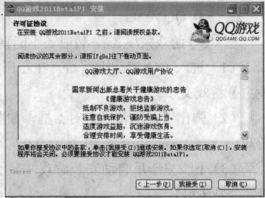
图 6-22

图 6-23

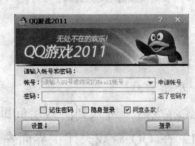
图 6-24

（7）在图 6-24 所示的界面输入 QQ 的账号和密码，单击【登录】按钮进入到游戏大厅，如图 6-25 所示。

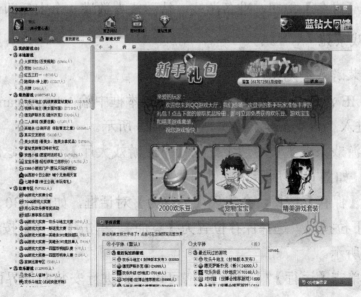
图 6-25

2. 下载 QQ 游戏

进入 QQ 游戏大厅之后 暂时还不能直接玩游戏，还需要下载游戏程序到电脑中。

（1）进入 QQ 游戏大厅后，在左侧的游戏列表中双击【牌类游戏】中的【斗地主】游戏文字。

（2）弹出【提示信息】对话框，如图 6-26 所示，单击【确定】按钮开始下载游戏。

（3）下载完毕后自动安装游戏并显示安装进程，如图 6-27 所示。单击【确定】按钮完成安装。

图 6-26

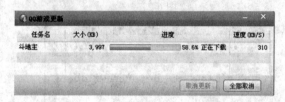

图 6-27

3. 开始游戏

下载游戏后，进入到游戏房间即可与好友玩游戏了。

（1）在 QQ 游戏大厅主界面左侧的列表框中，可以根据直接的网络情况和房间情况选择房间，双击房间名称即可进入房间。

（2）进入游戏房间后，会发现很多桌子上的图标，单击桌子旁边空白头像标志即可进入游戏界面。

（3）单击【准备】按钮，准备游戏，待游戏人数满 4 个人后即可开始游戏。

6.2.2 游戏茶苑

1. 下载安装游戏茶苑大厅

（1）启动 IE 浏览器，在 IE 地址栏后面文本框中输入 www.gametea.com，然后按 Enter 键进入"游戏茶苑"主页，如图 6-28 所示。

（2）单击游戏茶苑主页右边上面的【下载游戏大厅】链接，这时会弹出一个下载提示窗口，如图 6-29 所示。

（3）单击【保存】按钮，会出现【另存为】对话框，如图 6-30 所示，在【保存在】右边的下拉按钮 选择保存位置为【桌面】。单击【保存】按钮开始安装程序，如图 6-31 所示。

（4）依次单击【运行】/【运行】，您可以立刻进行安装向导界面，如图 6-32 所示。

图 6-28

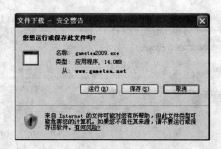

图 6-29

图 6-30

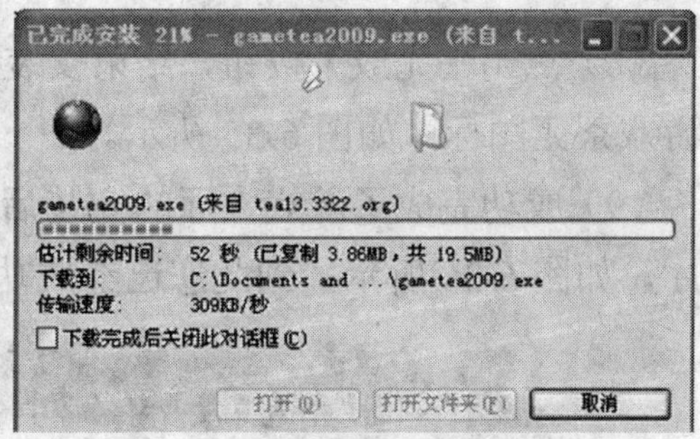

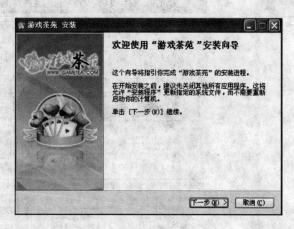

图 6-31

图 6-32

（5）单击【下一步】进入许可证协议界面，单击【我接受】，此时将弹出选择
【目标文件夹】窗口。

（6）在【选择目标目录】窗口，您可以直接单击【安装】选择系统默认的目录进行安装，并显示安装进度，如图 6-33 所示。

（7）安装完成后，出现完成提示窗口，如图 6-34 所示。

图 6-33　　　　　　　　　　　　　　　　图 6-34

（8）点击【完成】按钮，结束安装程序，您的电脑桌面上会出现游戏茶苑图标，如图 6-35 所示。

图 6-35

（9）成功完成了游戏大厅的安装后，会同时启动游戏茶苑游戏大厅，如图 6-36 所示，到此您已经成功安装了游戏茶苑游戏大厅。

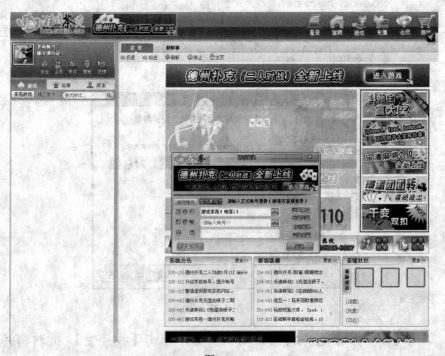

图 6-36

2. 新用户注册（盛大通行证）

在游戏茶苑里玩游戏，必须要有用户身份证号码进行新用户注册。

（1）在游戏茶苑【游戏登录】窗口，如图 6-37 所示，单击右边【注册用户】按钮，进入免费手机注册窗口，如图 6-38 所示。

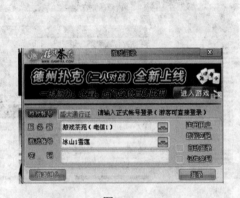

图 6-37

图 6-38

（2）建议选择右边的【个性账号】免费账号注册，进入免费账号注册页面，如图 6-39 所示。

（3）根据页面提示说明，输入通行证账号、设置密码、茶苑用户名、性别、姓名、身份证号码、邮箱和验证码，带"*"项为必填项。

（4）单击【注册盛大通行证】按钮，成功提交后，出现提示注册成功页面，如图 6-40 所示。

图 6-39

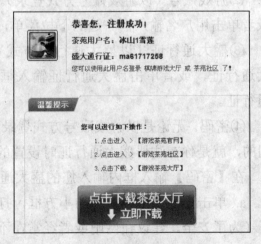

图 6-40

3. 登录游戏大厅

（1）成功注册盛大通行证后，启动游戏茶苑游戏大厅，将出现大厅"登录信息"窗口，如图 6-41 所示。

（2）单击选择【盛大通行证】，输入您刚申请好的通行证和密码，单击【登录】按钮，进入游戏大厅，如图 6-42 所示。

图 6-41

图 6-42

由于每个盛大通行证与游戏用户名都是一一对应的，也就是说一个盛大通行证有一个对应的游戏用户名，反之，一个游戏用户名也有一个与之对应的盛大通行证，所以你可以选择以游戏账号（用户名）方式登录（默认），或者以盛大通行证方式登录，两者的密码都是相同的。

①服务器。单击【服务器】输入框右边的下拉菜单，选择离您所在地较近的分站，这样您下次登录时将默认选择该服务器登录游戏大厅。

②游戏账号（以游戏账号方式登录）。在【游戏账号】输入框输入您的用户名，或者单击用户名输入框右边的下拉菜单，选择您想使用的用户名。

③盛大通行证（以盛大通行证方式登录）。在【通行证】输入框输入您的盛大通行证，或者单击盛大通行证输入框右边的下拉菜单，选择您想使用的盛大通行证。

④密码。无论是以游戏账号方式登录还是以盛大通行证方式登录，密码都是相同的，就是你在注册盛大通行证时设置的密码。

在【密码】输入框内输入您的盛大通行证所对应的密码。

a. 单击【记住密码】前的小方框，打个【√】，您再次登录就不需要输入密码了（为了安全，建议在网吧或者经常在不同电脑上网的用户，不要使用此功能）。

b. 忘记密码，可以通过【找回密码】页面自动找回您的密码。

⑤登录。输入用户名和密码以后，您点击【登录】按钮，就可进入大厅。如果系统提示：

单击【确定】按钮，然后再重试几次该游戏室或选择其他分站的游戏室登录，将所有游戏室一一试过，一般能够找到可以连接得上的游戏室。

在游戏茶苑内容列表中，可以看到每一项内容前面都有一个加号或者减号，"＋"号和"－"号的使用办法和计算机操作系统中的资源管理器一样，单击"＋"号，可以将此项内容展开，看到更多的内容。单击"－"号，可以将这项内容下面的所有内容隐藏起来。单击任何一个游戏前的"＋"号，都可以看到这个游戏的所有服务器及每个服务器上分别有多少人。

4．进入游戏（以麻将为例）

（1）单击左边列表框中的【麻将游戏】下面的【温州麻将】，单击温州麻将下面的【茶苑主站】，进入到游戏主页面，如图 6-43 所示。在右边主页上显示出温州麻将的游戏规则。

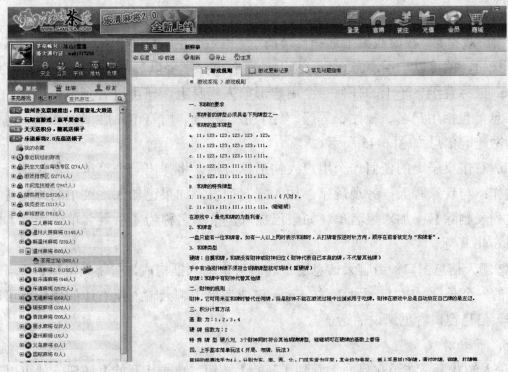

图 6-43

（2）双击左边温州麻将下面的【茶苑主站】进入到游戏室，游戏室由桌子、功能按钮、聊天室、功能书签区（服务器列表、玩家列表、用户信息等的）查看窗口构成，如图 6-44 所示。

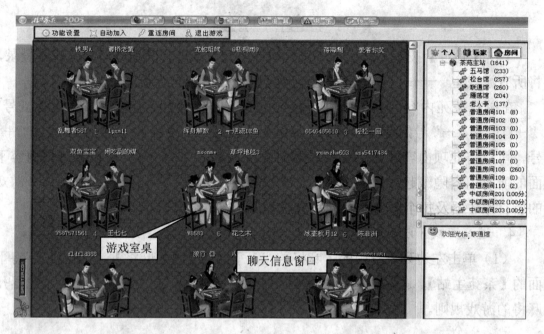

图 6-44

①游戏室桌。在游戏桌上选择一个椅子，单击一下，即可坐下。坐下后，按【开始】按钮，就可以举手，当一个桌子上的所有人都举手以后，就可以进入游戏了。

a. 鼠标置于桌子上的任何一个用户形象人物身上，您可以看到这个用户的所有信息，包括用户名、社团、等级、经验值、积分、财富值、胜率、和率、逃跑率、网速等信息,如图 6-45 所示。

b. 右击桌子上的任何一个用户人物形象身上，将弹出一个菜单，供您选择各种动作：与玩家聊天；旁观玩家；加入好友列表（如果已加入，菜单名称为【从好友列表删除】）；加入黑名单（如果已加入，菜单名称为【从黑名单中删除】），如图 6-46 所示。

②聊天信息窗口。由聊天信息窗口和聊天室输入框构成，在聊天室输入框（最下面的一个长框）中打一行字，按 Enter 键或者单击聊天输入框右边的按钮就可以在聊天信息窗口看见您说的话了。

5. 开始游戏

进入游戏后，在游戏界面将看到【开始】按钮，单击【开始】按钮，就可以开始游戏了，至于各个游戏的功能和规则不同，这里不便一一介绍了。在每个游戏的游戏室中单击【帮助】，在查看帮助内容的窗口您将可以看到该游戏的规则说明，可以查看该游戏的功能、游戏规则和计分规则。

图 6-45

图 6-46

在游戏中，最基本的操作方法如下：

（1）牌类游戏：单击要出的牌，鼠标右键出牌（如果您玩的是升级游戏，那么亮主时您必须单击您想亮的牌）。

（2）围棋、五子棋：只要单击要落子的位置即可。

（3）其他棋类：先单击要移动的子，然后再单击要移动到的位置。

（4）当一局结束后，如想继续游戏请单击【开始】，如想离开请关闭窗口。注意，如果游戏没结束或者没有玩到事先规定的盘数就强行退出是要扣分的。

（5）当系统提示【与服务器断开连接】，在游戏房间内单击【重连房间】就可以继续游戏了。

6.3　在线听音乐

第 5 章讲过利用百度页面的 MP3 在网上直接听音乐，其实在网上还可以看到 MV，"真乐网"就是一个提供在线 MV 播放、高清 MV 下载的高品质 MV 交流网站，国内唯一不用注册、完全免费提供高清 MV 的高速播放体验的网站，第一个实现高品质 MV 的流畅播放的网站。

需注意的是要想播放视频还要下载快播来支持页面播放和下载，MV 格式一般是 RMVB 格式。如果我们想听华语歌手成龙的"美丽的神话"，具体操作如下：

（1）双击桌面上的 IE 图标启动浏览器，在地址栏中输入真乐网网址 www.truemv.com，按 Enter 键打开网页，如图 6-47 所示。

（2）单击【歌手】右边的小倒三角打开歌手下拉菜单，如图 6-48 所示。选择华语歌手，打开华语歌手页面。

图 6-47

图 6-48

（3）按照成龙姓的拼音声母 C 找到成龙的名字，如图 6-49 所示。单击【成龙】名字，打开成龙歌曲页面，如图 6-50 所示。

CLOVER	陈绮贞	侧田	曹格
陈冠希	蔡健雅	蔡依林	蔡卓妍
蔡旻佑	蔡淳佳	蔡诗芸	陈升
陈奕迅	陈小春	陈慧琳	陈晓东
超级偶像	陈仁丰	陈珊妮	蔡琴
陈嘉唯	陈建颖	成龙	蔡建雅
陈慧娴	陈乃荣	陈伟霆	陈奕迅
陈楚生	陈淑桦	陈柏宇	陈洁仪
陈明真	陈红	China Blue	曹轩宾
蔡卓研	陈伟庭	陈旭	陈英仁
陈少华	陈百强	陈威全	陈杰瑞
蔡黄汝	color	陈思涵	C君
Circus	陈思彤	陈妍希	草莓救星
陈乔恩	陈明	车盈霏	

图 6-49

（4）单击我们所要的歌曲《美丽的神话》进入到播放页面，如图 6-51 所示。

图 6-50

图 6-51

第7章 电子邮件

7.1 了解电子邮件

也许您常常听到别人说到"伊妹儿"、"电子邮箱"等闻所未闻的名词，那么到底"伊妹儿"是什么呢？它有什么作用呢？为什么会能得到众人喜爱？

7.1.1 电子邮件简介

用户上网后可以有很多方式和远方的亲朋好友联络，其中电子邮件是使用最为广泛的方式。电子邮件是通过因特网在全球范围内传递信息的一种通信方式。与传统的邮件形式相比，电子邮件有许多优点，可以说每一个和网络有接触的人都离不开电子邮件。

电子邮件是由 Electronic Mail 翻译过来的，简称 E-mail，是利用计算机网络交换的电子媒体信件。它是随计算机网络而出现的，依靠网络的通信手段实现普通邮件信息的传输。

电子邮件通信与一般邮件相比，具有许多独特的优点：

（1）可以用先进的电脑工具进行书写、编辑或处理。提供一种简易、快速的方法，使每个人都能通过因特网同世界各地的任何人通信。

（2）邮件传递不仅准确快捷，而且不受时间和用户电脑状态的限制。

（3）可以广泛用于各种信息交流和消息传播领域。

7.1.2 邮件格式

E-mail（电子邮件）像普通的邮件一样，也需要地址，它与普通邮件的区别在于它是电子地址，并且这些电子地址都是唯一的。邮件服务器就是根据这些地址，将每封电子邮件传送到各个用户的电子邮箱中，就是用户的电子邮箱地址。就像普通邮件一样，您能否收到的 E-mail1，取决于您是否取得了正确的电子邮件地址。

1. 电子邮件地址格式

一个完整的电子邮件地址由两部分组成，包括用户名和服务器，两者由"@"符号连接。比如：linzuosong7425@sina.com 或 lndx@hotmail.com。这里"@"是"在"的意思，"@"前面是用户名，如 linzuosong7425，"@"后面则代表邮件服务器，如 sina.com、hotmail.com。完整的电子邮件地址的意思是：您的账号在某一邮件服务器里。

2. 电子邮件格式

电子邮件和普通信件一样，对格式有一定要求，以保证邮件的正确传递。电子邮件的格式大体可分为三部分：邮件头、邮件体和附件。

（1）邮件头。邮件头相当于传统邮件的信封，它的基本项包括收件人地址、抄送人地址和邮件主题。

（2）邮件体。邮件体相当于传统邮件的信纸，用户在这里输入邮件的文字内容。

（3）附件。附件是传统邮件所没有的东西，它相当于在一封信之外，还附带一个"包裹"，这个"包裹"，就是一个或多个的电脑用户的电子文件。可以是数据文件、声音文件、图像文件或者是程序软件。

7.2　如何申请免费的电子信箱

如果在网络上想使用电子邮件服务，就必须自己先拥有一个电子邮箱，即电子邮件地址。这样才能收到别人发来的电子邮件，也能发邮件给别人。现在网络上有很多网站提供免费的电子邮箱，可以去申请免费的电子邮箱。下面，以在网易163 申请免费电子邮箱为例，来说明如何申请和申请步骤。

（1）单击桌面上的 IE 图标，在地址栏中输入：http://mail.163.com，并按 Enter 键，等待网页显示出来，如图 7-1 所示。

图 7-1

（2）单击"注册"按钮。

（3）这样，到了"立即注册"的条款页面。阅读条款内容，然后在"我已经看过并同意"前打勾，如图 7-2 所示。

☑ 我已看过并同意《网易服务条款》

图 7-2

（4）在认真阅读页面上的信息基础上，按照要求填写各个项目，如图 7-3 所示。

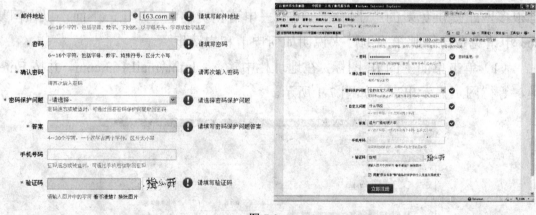

图 7-3

填写表单应注意几点：

①带有"*"的项目必须填写。

②"邮件地址"一般是根据电脑用户喜好取，如与其他注册用户相同，网站提醒用户、更改用户名。一般不用汉字，建议用英文字母和阿拉伯数字混合，比如您的姓名的拼音加出生日期。

③"密码"可取多位数，一般 6 位数以上，"再次输入密码"是为了加深对密码的记忆。

④"密码保护问题"用在密码遗忘或被盗时，可通过回答密码保护问题取回密码。所在这个要填写自己熟悉并马上能回答的问题和答案。

⑤校验码不要填错：不同的网站填写的内容或顺序不尽相同，方法是一样的。最好用笔记下所取的用户名和密码，以备忘记后查找。

（5）逐条填写完后，单击页面底端的"立即注册"按钮，这样就开始提交表单。（有的网站"同意"按钮显示为"提交"，意思都一样，都是将填写的表单发送给服务器）。

（6）现在系统将会检查你所填写的各项信息，如果你填写的用户名不跟别人重复，且其他各项也没有出现错误，页面上将显示出"祝贺您注册成功"的信息，如图 7-4 所示。

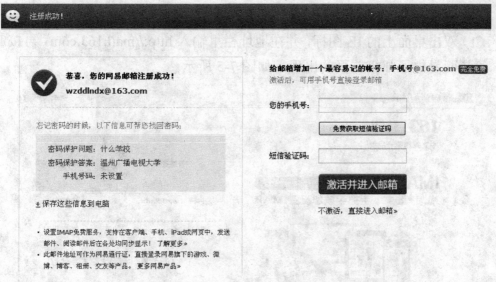

图 7-4

这样，您就拥有了自己的电子邮箱。需要特别注意的是：注册后要记住自己的用户名和密码，如果用户名跟别人重复，那么记住最后更改并通过的用户名。

如果您所填写的表单中有错误，服务器则会自动返回填写表单的页面，并且页面的上部提示出填写错误的地方，修改后，继续单击页面底部的"同意"按钮，再次提交表单，直到出现注册成功的页面。

在网络上冲浪的时候，经常会碰到注册或申请的操作。不同的网站给我们提供特有的服务时，总要我们先注册为该网站的用户才能享受其服务。所以要注意在不同网站注册得来的用户名和密码不能混用，比如您将在"网易"注册得来的用户名和密码用来登录雅虎电子邮箱就不行了。

7.3　登录电子邮箱

前面讲了在网易申请电子邮箱的方法和步骤，那么，这个电子邮箱的真正位置在哪里呢?这个电子邮箱在网易的邮件服务器里，就是说，通过网上注册等步骤，网易将服务器硬盘的一定空间划给电脑用户使用。所以，您不必担心在电脑没有开机的时候能不能收到电子邮件的问题。

因为邮件始终是存放在网易的邮件服务器里，只要您上网并登录自己的电子邮箱，您就会收到自己的电子邮件。

每个人都有自己电子邮箱的用户名和密码，这是使得别人进不了您的电子邮箱的一种保护措施。

1．电子邮箱的登录

（1）双击桌面上的 IE 图标，并在地址栏里输入 http://mail.163.com，再按 Enter 键，等待网易电子邮箱首页的出现，如图 7-5 所示。

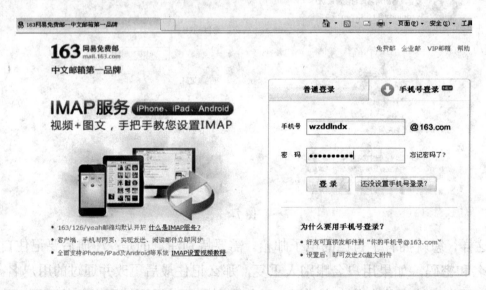

图 7-5

（2）输入您的用户名和密码。

（3）再选择"登录邮箱"，这样就进入您所申请到的免费电子邮箱上，如图 7-6 所示。

2．电子邮箱页面结构

个人电子邮箱页面分为左右两部分。左边部分是各种功能选项，这里有：

（1）收邮件：收到后的邮件都存放在这里。

图 7-6

（2）写信：单击后可以写邮件，并且发送。

（3）文件夹：邮件夹里包含"收件箱"、"草稿箱"、"垃圾箱"等。

左边窗口的功能选项被单击选择后，其内容就会显示在右边窗口。比如，单击"收件箱"，"收件箱"的具体内容就会显示在右边窗口里。

7.4　接收并阅读邮件

1. 接收邮件

接收邮件非常简单，只要单击"收邮件"，如果有新的邮件，将会显示在窗口的右边。

如果收到多封信，电脑会逐封排列出来，并且每封信都注有"发件人"、"主题"、"日期"、"大小"等信息。

2. 阅读邮件

要阅读一封邮件，只要单击这封信的"主题"（欢迎您使用网易 163 邮箱!）即可，这样，信的内容就会显示出来，如图 7-7 所示。

如果想看其他信件，单击工具栏的"返回"按钮就退回到原来的页面，然后再单击其他信件的"主题"，就可以阅读其他信件了。

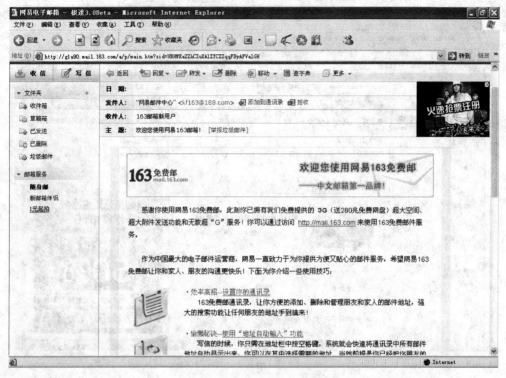

图 7-7

7.5　发送电子邮件

前面学会了登录自己的电子邮箱，以及怎样接收和阅读邮件。现在来学习发送一封邮件。

7.5.1　发送普通文本邮件

发送普通文本邮件与我们平时邮寄的信件类似，也就是说仅在编辑文本内容后就将信件发出，这其实也是电子邮件的最常见形式。

1. 准备工作

（1）先登录自己的电子邮箱。发送邮件给别人，都要先登录自己的电子邮箱，这样，邮件服务器才会将你写的邮件发出去，对方在收到这封信时能够看到是谁发的。

（2）要知道对方的电子邮件地址，那就不能给他发电子邮件。只有对方将他的电子邮件地址告诉你，你才能给他发电子邮件。网络上不能用现实中的家庭住址。

2. 发送电子邮件

（1）单击"写信"，就到了发邮件的页面，如图 7-8 所示。

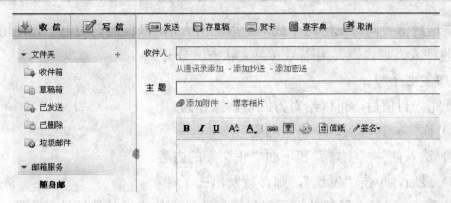

图 7-8

（2）在"收件人"栏里输入对方的电子邮件地址，并在"主题"栏里输入这封邮件的主题。

（3）在"内容"栏里输入邮件的正文，如图 7-9 所示。

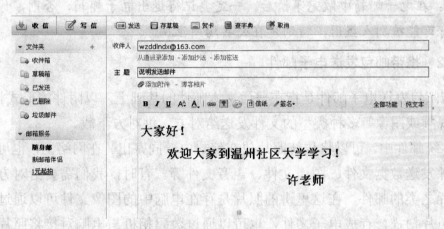

图 7-9

（4）单击"发送"，就会显示成功发送的信息，如图 7-10 所示。

图 7-10

如果这封信要同时发给两个或两个以上的人，可以将他们的电子邮件地址同时写在"收件人"栏内，并用逗号（英文状态）分开。

3. 回复电子邮件

阅读完一封信后，可以给对方回信。操作为：

（1）读完一封信后，单击"回复"。

（2）输入信件"主题"和下面"正文"的内容。

（3）最后，单击"发送"，邮件就发出去了。

可以看到，回复电子邮件页面已经写好收件人的电子邮件地址和主题，这是系统自动从原来信件中提取出来的，不必两次输入。

（4）退出电子邮箱。退出电子邮箱不能简单地关闭窗口，要单击电子邮箱左边功能选项的"退出"，这时，将会退出网易网站的首页，然后关闭窗口。

注意：在电子邮箱中做完事情后，一定要记得退出电子邮箱，否则，你的电子邮箱就有可能被别人盗用，特别是在公共场所上网。

7.5.2　携带邮包发送电子邮件

携带邮包发送电子邮件是指在普通文本邮件的基础上，以附件的形式将程序、声音、视频或图像等多种类型的文件发送给对方，供对方下载。

在传统邮件中，可以将传统照片放在信封内一同寄出。在网络上，也可以利用电子邮件发送数据文件、图像文件、声音文件等。有时，我们需要给对方发一些带有照片之类的邮件，在这里讲的照片是存在电脑中的图像文件可以通过扫描仪将传统照片扫描，存成电子文件，也可以通过数码相机与电脑对接将照片文件输入电脑。

下面，来讲解怎样发送带有邮包的电子邮件。

首先准备好要发送的照片文件，记住文件名和存放位置。然后登录自己的信箱，再单击"发邮件"，就弹出如图7-8所示的页面，接着按以下步骤操作：

（1）在"收件人"栏输入对方的电子邮件地址。

（2）在"主题"栏输入这封信的主题。

（3）接着，输入信的正文。本来我们只要单击"发送"就可以将这封邮件直接发出去了，但是，照片文件还没有加进来。下面要做的就是把照片文件加进信中。

（4）单击"添加附件"。

（5）选择文件存放位置，如"我的文档"，可以看到这里有准备好的照片文件，如图 7-11 所示。

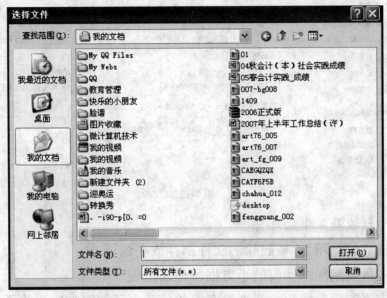

图 7-11

（6）单击其中的某一文件，再单击"打开"按钮，就回到原来的页面上业。这时信里已经添加了"附件"，然后单击"发送"，加带照片的邮件就成功发送出去了。

7.6 整理自己的电子邮箱

由于申请来的电子邮箱的容量都是有限的，如果邮件很多，将会占用电子邮箱的空间，这样，如果有封邮件的大小超过电子邮箱剩余的空间的大小，那么电子邮箱将不能接收这封邮件。所以，有必要经常整理一下自己的电子邮箱。

整理电子邮箱主要就是将电子邮箱中一些垃圾邮件或没有用处的邮件删除，这样可以为电子邮箱腾出更多的空间来接收邮件。一般在两个地方清理没用的邮件：一个是在"收件箱"中，一个是在"垃圾箱"中。

1. 删除"收件箱"中没用的邮件

（1）单击"收件箱"，所有收到的信件都存放在这里，并且逐条排列。

（2）每封邮件前面都有一个小方框，在此单击，就会出现一个符号"√"表明被选择了，如图 7-12 所示。单击前两封邮件前的小方框，就选择了这两封信件。

（3）单击"删除"按钮，就把这两封邮件删除了。在"收件箱"中删除的邮件会被存放在"垃圾箱"中。

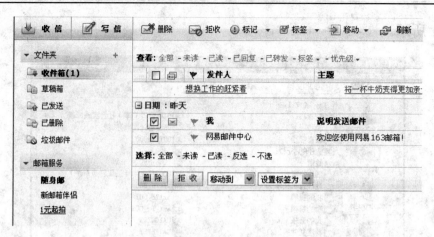

图 7-12

2. 删除"垃圾箱"中的邮件

（1）单击"垃圾箱"，被删除的邮件都存放在这里。

（2）单击所要删除邮件前的小方框，使这出现"√"。

（3）单击"删除"按钮，就把没有用的信从电子邮箱彻底删除了。

第8章 家庭办公室

日常生活中，我们经常会碰到大量文件的处理。如写几篇日记，给朋友写封信，收到朋友网上寄来的得意之作或图片等。其中特别出色的文章或图片，我们总想把它打印出来以便保存或有空再看看。现在，可以利用微软公司推出的 Microsoft Office 2003 软件，再为电脑连上一台打印机，就可以在家里舒舒服服地实现在办公室才能进行的工作了。

8.1　认　识　Word 2003

Word 是一种文字处理编辑软件，它具有界面美观、操作方便、实用性强等特点。Word 2003 是目前最流行的版本，我们将利用它来为您讲解用电脑写文章的常用方法，使您能更方便利用电脑来进行写作。

Word 的功能十分强大，中老年朋友可以用它来写文章、写信，并将信件设计成信笺纸的样式，还可以用它来制作贺卡、日历等。

8.1.1　Word 启动与退出

启动步骤：单击【开始】→【所有程序】→Microsoft Office→Microsoft Office Word 2003 命令，如图 8-1 所示，即可启动 Word 2003。

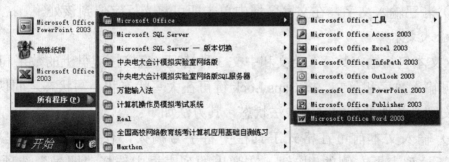

图 8-1

启动 Word 2003 之后，程序会自动创建一个名为"文档 1"的空白文档，窗口中各部分名称，如图 8-2 所示。

退出 Word 2003 一般采用单击窗口标题栏上的按钮⊠的方法，也可执行【文件】→【退出】命令退出。

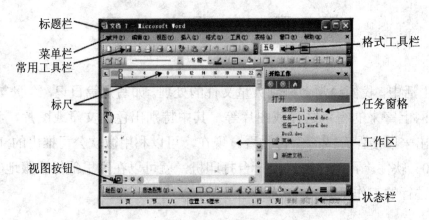

标题栏
菜单栏
常用工具栏
标尺
视图按钮

格式工具栏
任务窗格
工作区
状态栏

图 8-2

8.1.2 输入文章内容

文档建立后，就可以开始输入文章内容了，建议选择自己习惯的输入法来输入，以提高速度。

1. 从"光标"开始

打开文档后，文档编辑区中出现一个竖条型的闪烁光标"|"，称为文本插入点。在输入文字时，这个闪烁的光标始终跟随在文字的后面，表示当前文字的位置。如果不是在默认的光标位置输入文字，则需要先将光标定位到需要的位置，有如下两种情况：

（1）若未输入文字，在文档任意位置处双击，光标立即定位到该处。

（2）若已输入文字，在文字区域中单击即可将光标定位到该处。

2. 输入文本

输入文本包括输入数字、英文和中文 3 种情况，直接按键盘上的数字和英文字符键即可输入数字和英文，按 Caps Lock 键可在大写状态和小写状态之间切换。而输入中文则必须切换到中文输入法状态，其方法如下：

（1）输入文本前可在格式工具栏中将字号调大，使您看得更清楚。单击 五号 ▼下拉列表框右侧的▼按钮，在弹出的列表框中选择"四号"选项，如图 8-3 所示。

（2）从默认光标位置开始输入文本，即文档的首行。单击输入法图标，在弹出的输入法列表中选择"惠邦五行智能输入软件"，如图 8-4 所示。

（3）在文档中输入文字内容。在输入过程中，当文字到达最右边时它会自动换行，如果还没有到达最右边就想分段，可直接按 Enter 键，将光标移至下一行行首，然后继续输入即可。

图 8-3

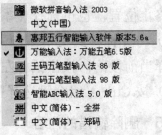

图 8-4

8.1.3 "插入"和"改写"文字

Word 有"插入"和"改写"两种输入状态。一般情况下，我们是在"插入"状态下输入文字。双击状态栏上的"改写"标记或按 Insert 键可在"插入"状态和"改写"状态间切换，如图 8-5 所示。

（1）"插入"状态：当底部状态栏上的"改写" 图标是灰色显示时，处于"插入" 状态。此时输入的文本将插入到光标当前所在位置，光标后面的文字将依次后移。如在"来了"前面输入"我们"两字，则显示为"我们来了"。

（2）"改写"状态：双击"改写"图标，当它呈黑色显示"改写"写时，表示处于"改写"状态。此时输入的文本将把光标后的文字替换掉，其余的文字位置不会改变。如在"来了"前面输入"我们"两字，则会显示为"我们"，而"来了"两字则被替换掉了。

8.1.4 选择文本内容

在输入过程中可能因为种种原因要对文本进行删除、修改或移动等编辑操作，而执行这些操作的前提，是掌握"选择文本"的各种方法。选择文本的方法如下：

（1）将鼠标光标定位到要选择的文本前面。

（2）按住鼠标左键不放，向需要选择的文本方向拖动鼠标，此时被选中的文本将以黑底白字显示，如图 8-6 所示。当反白显示的文本到达要选中的文本的最后一个字时，松开鼠标左键即可。

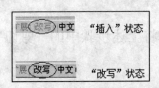

图 8-5

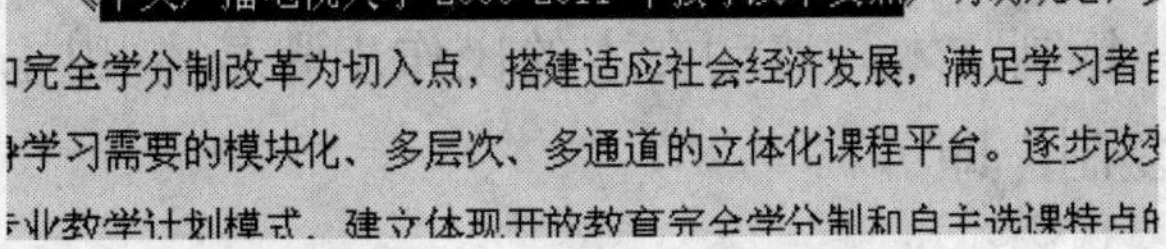

《中央广播电视大学 2006-2011 年教学改革要点》明确规定，要
以完全学分制改革为切入点，搭建适应社会经济发展，满足学习者自
学习需要的模块化、多层次、多通道的立体化课程平台。逐步改变
业教学计划模式，建立体现开放教育完全学分制和自主选课特点的

图 8-6

如果想要快速选择大量文本，可以参照以下几种方法：

（1）将鼠标光标定位到要选择文本的前面，按住 Shift 键不放，再单击要选择文本的终止位置，也可选择文本。

（2）将光标移到文本左侧，当光标变成 ⟋ 形状时，单击可选择当前行，双击可选择当前段落；按住鼠标左键不放进行拖动可选择任意多行。

（3）按 Ctrl+A 组合键选择整篇文本。

8.1.5　删除输错的内容

如果不小心输错了汉字，不用懊恼，在 Word 中还提供了多种方法让您"悔步"，以下是常用的两种。

1．删除文本

输错文字后可以很方便地将错字删除掉，然后再重新输入正确的汉字即可。删除文本有 3 种方法：

（1）选定文字后，按 Backspace 键或 Delete 删除所选文本。

（2）选定内容后，选择【编辑】→【清除】命令，将选定的内容删除。

（3）将光标定位到要删除文字的地方，按 Backspace 键是删除光标左面的一个字，按 Delete 键是删除光标右面的一个字。

2．撤消、恢复

编辑文档时，通过 Word 所提供的"撤消"、"恢复"和"重复"操作功能，可以帮助迅速纠正错误操作，轻松面对重复而复杂的工作。选择菜单栏"编辑"中的"撤消" ↺ 命令，可撤消最近一步操作。执行完一次撤消操作后，如果又想恢复"撤消"操作之前的内容，可选择"编辑"菜单上的"恢复" ↻ 命令或单击"恢复"按钮。不过，"恢复"功能只有在刚进行"撤消"操作后才生效。

3．移动或复制文本

在 Word 文档中，移动是指将文本移动到另一个位置，复制则是指将重复文本输入到另一个位置。移动文本的操作方法如下：

先选取要移动的文本，然后选择"编辑"上的"剪切"命令。然后选定新的插入位置，选择"编辑"上的"粘贴"命令或单击"常用"工具栏中的"粘贴"按钮就完成了移动文本的操作。

复制文本与移动文本的操作步骤基本相同，只需将上述步骤中的"剪切"改成"复制"即可。

8.1.6 查找和替换文本

若您写的文章很长，而写完后才发现许多"像"字被错输成了"象"字。这时一个字一个字改回来可是太麻烦了，我们可以用 Word 中的查找和替换功能，将输错的文字"象"快速替换为正确的"像"。

查找和替换文本的操作方法如下：

（1）执行【编辑】→【查找】命令，打开【查找和替换】对话框。

（2）在【查找和替换】对话框中单击【查找】选项卡，在【查找内容】文本框中输入要查找的文字，这里输入"象"。

（3）单击【查找下一处】按钮，当在文档中找到要查找的内容时，Word 将以反白高亮显示被查找的词，如图 8-7 所示。

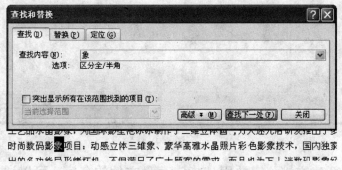

图 8-7

（4）单击【替换】选项卡，此时【查找内容】文本框中自动出现"象"字。在"替换为"文本框中输入"像"，如图 8-8 所示。单击【替换】按钮替换该字，Word 自动寻找到下一处。

如果不是需要替换的文本，则可以单击【查找下一处】按钮跳过该处，当找到想要替换的"象"字时再单击【替换】按钮替换该字。

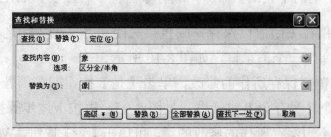

图 8-8

（5）单击【全部替换】按钮，即可将文中所有"象"字替换成"像"字。替换完成后，会弹出一个对话框，提示完成在文档中的搜索，并完成了多少处替换，单击【确定】按钮离开。

（6）单击【关闭】按钮，关闭【查找和替换】对话框。

8.1.7　Word 文档的保存

文档编辑完成后，需要保存文档。一般情况下可以单击【常用】工具栏上的【保存】按钮，或者选择【文件】上的【保存】命令，出现如图 8-9 所示的对话框。

图 8-9

如果文档为新建文档，需要用户指定存盘文件的名字。可以通过单击【保存位置】下拉框右边的按钮来选择保存位置，在【文件名】一栏里面输入新的名字。然后单击【保存】按钮之后，这样文件就保存好了。如果在保存后又进行了文本编辑工作，只要单击一下【常用】工具栏的【保存】按钮即可。

8.1.8　Word 文档的关闭

选择【文件】上的【关闭】命令，或者单击位于程序窗口右上角的 ⊠ 按钮即可关闭文档。若文档在关闭前已保存，则直接关闭；若文档关闭之前经过修改但没有保存的话，会弹出一个消息框，如图 8-10 所示。

（1）如果你需要保存所作的修改，单击【是】按钮即可；若是新建的文档，则会自动弹出一个【另存为】对话框（见图 8-9），再按上述步骤操作关闭。

（2）如果您不想保存所作的修改的话，可单击【否】按钮，Word 不保存文档，直接关闭。

（3）单击【取消】按钮的话，则取消此操作，返回编辑窗口。

图 8-10

8.2　用 Word 2003 学习写作

输入完文档的内容，您是不是觉得文档太单调了？其实通过相应的设置可以使文档页面变得更漂亮，文档版式更加美观、工整。下面来写一封给老友的信吧，利用它来和大家详细介绍下 Word 中的具体的设置和功能效果。

8.2.1　插入日期和时间

在 Word 中可以直接插入系统的当前日期与时间，此功能在信件、公文中应用都比较广泛。如要在书信的结尾落款处插入日期和时间，其方法如下：

（1）新建一篇文档，在其中输入您写给朋友的书信内容，然后将其以"给老友的信"为文件名保存在电脑中。

（2）在书信结尾处，将光标定位到写信人称呼"老李"的下一行行首。

（3）单击【插入】→【日期和时间】命令，打开如图 8-11 所示的【日期和时间】对话框。

（4）在【语言】下拉列表框中，选择日期和时间的语言为"中文(中国)"，在"可用格式"列表框中选择日期和时间的格式"2011 年 4 月 19 日"，单击【确定】按钮即可插入当前的准确日期。

（5）回车再换一行，重复第 3 步，在【日期和时间】对话框中再次选择"3时 16 分"选项，单击【确定】按钮插入当前准确时间，如图 8-12 所示。

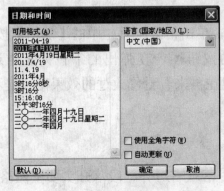

图 8-11

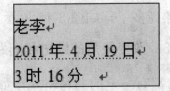

图 8-12

8.2.2　改变文字的大小和样式

Word 默认的字体格式为【宋体，五号】的字体太古板，而且字号太小不易看清楚。您可以将书信的字体设为【华文行楷】，字号设为【小三】，字符间距加宽，并添加红色的下划线，使文档更接近信笺纸样式。其操作方法如下：

（1）在"给老友的信"文档中，按 Ctrl+A 组合键选择所有文字内容。

（2）单击【格式】→【字体】命令，打开【字体】对话框的【字体】选项卡。在"中文字体"下拉列表框中选择【华文行楷】选项，在【字号】下拉列表框中选择【小三】选项，在【下划线线型】下拉列表框中选择"………"选项，在【下划线颜色】下拉列表框中选择【红色】选项，如图 8-13 所示。

（3）单击【字符间距】选项卡，在【间距】下拉列表框中选择【加宽】选项，在【磅值】数值框中单击 调节磅值为"0.5 磅"，如图 8-14 所示。单击【确定】按钮应用设置。

图 8-13

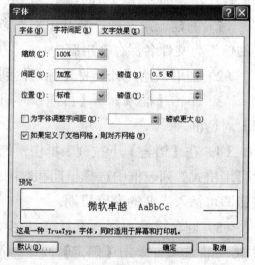

图 8-14

（4）最后，选择开头问候语部分的文字，单击格式工具栏中的【加粗】按钮、【倾斜】并单击【下划线U·】按钮右侧的按钮，在弹出的下拉列表中选择"━━━━"，选择颜色也为红色。好了，现在再来看看修改过的效果吧，是不是比原来漂亮多了？如图 8-15 所示。

8.2.3　改变段落的缩进和间距

书信都有一定的书写格式，如称呼居左、落款右对齐、段落开头要空两格等。

图 8-15

下面对信的内容进行适当排版，使每一段的首行缩进 2 个字符，其余文本设为两端对齐，行距设为固定值"25 磅"，将落款文本设为"右对齐"。其操作方法如下：

（1）按 Ctrl+A 组合键选中所有文字，执行【格式】→【段落】命令，打开【段落】对话框的"缩进和间距"选项卡。

（2）在【常规】栏的【对齐方式】下拉列表框中选择【两端对齐】选项，在【缩进】栏的【特殊格式】下拉列表框中选择【首行缩进】选项，后面的【度量值】数值框中自动会填入【2 字符】。

（3）在【间距】栏的【行距】下拉列表框中选择【固定值】选项，将其后的【设置值】数值框中的值改为【25 磅】，如图 8-16 所示。

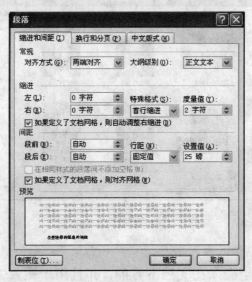

图 8-16

（4）单击【确定】按钮应用设置。

（5）选中书信的最后 3 行，单击格式工具栏中的【右对齐】按钮，使落款和日期靠右边对齐。这样这封信的段落格式就算设置完成了。

8.2.4　插入和编辑图片

在 Word 中可以直接插入多种图片，如系统自带的剪贴画，自己绘制的图形，外部获取的图片，包括来自文件、扫描仪，数码相机等等的图片或照片。

1. 插入图片

如果电脑中已经保存有用数码相机所拍的照片，那么可以直接将它插入到书信文档中；如果是只有实物照片，那么要用扫描仪将照片扫描保存到电脑中，然后再插入使用。插入照片的方法如下：

（1）将光标定位到书信中要插入照片的地方，执行【插入】→【图片】→【来自文件】命令，如图 8-17 所示。

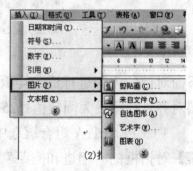

图 8-17

（2）打开【插入图片】对话框，在【查找范围】列表框中选择【我的文档】下的【图片收藏】文件夹，在中间的列表框中单击选择一张照片，如图 8-18 所示。单击"插入"按钮将照片插入到文档中。

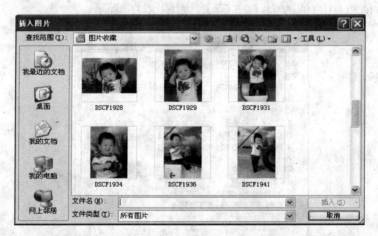

图 8-18

2. 编辑图片

照片插入到文档后是嵌入在文档下方的，并且由于图片太大，有部分照片看不到。下面对照片进行一些版式、大小、色调等方面的调节和编辑，其方法如下：

（1）单击选中图片，在出现的【图片】工具栏中单击█按钮，在弹出的下拉列表中选择【浮于文字上方】命令，如图 8-19 所示。

（2）将鼠标指针移到图片的任一角上的黑点处，当其变成 ↗ 或 ↘ 形状时，拖动鼠标改变图片的大小到适当尺寸时，再松开鼠标。

（3）将鼠标指针移到图片上时，当其变为 ✛ 形状时，按住鼠标左键不放拖动，将其移到书信的适当位置处，松开鼠标即可。

（4）选中图片，在【图片】工具栏中单击【按钮】，在弹出的下拉菜单中选择【灰度】命令，可对图片进行简单的颜色处理，如图 8-20 所示。

图 8-19

图 8-20

8.2.5 添加艺术字的祝福语

前面设计了文字的版式并添加了图片，但白色的信纸显得很单调。下面来设计一个淡雅型的信笺纸，可通过添加艺术字和图片水印来完成。

下面要在文档中插入艺术字形的祝福语，如"节日快乐"，其方法如下：

（1）首先将光标定位到结尾，要写祝福语的地方，按 Enter 键增加一行。

（2）执行【插入】→【图片】→【艺术字】命令，如图 8-21 所示。打开如图 8-22 所示的【艺术字库】对话框。选择一种艺术字样式，单击【确定】按钮，打开【编辑"艺术字"文字】对话框，如图 8-22 所示。

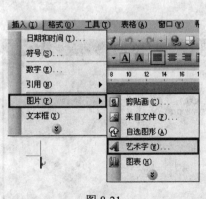

图 8-21

图 8-22

（3）在【文字】文本框中输入"节日快乐"字样，在【字体】下拉列表框中选择文字字体为【华文行楷】，在【字号】下拉列表框中选择文字大小为【40 号】，如图 8-23 所示。

（4）单击【确定】按钮，Word 将把您输入的文字以艺术字的效果插入到文档的页面中，如图 8-24 所示。

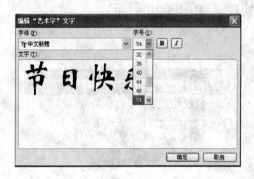

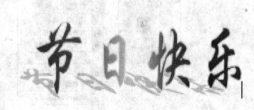

图 8-23   图 8-24

选择文档中的文字后，直接单击【插入】→【图片】→【艺术字】命令也可为其设置艺术字效果。

8.2.6 添加图片水印

插入艺术字后，再来为信纸添加一个图片水印的背景，其方法如下：

（1）单击【格式】→【背景】→【水印】命令，在弹出的如图 8-25 所示的下级菜单中选择"水印"命令。

（2）打开【水印】对话框，选中【图片水印】单选项，然后单击【选择图片】按钮，如图 8-26 所示。

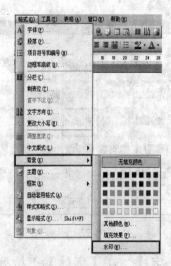

图 8-25   图 8-26

（3）打开【插入图片】对话框，在该对话框的【查找范围】下拉列表中选择图片所在位置，在其下的列表框中选择一张图片，单击【插入】按钮。

（4）回到【水印】对话框中，在【缩放】下拉列表框中选择“100%”选项（可根据图片大小自行调整），取消其后原先是选中状态的【冲蚀】复选框，单击【确定】按钮。最后看看出来的效果怎么样？很漂亮吧！如图8-27所示。

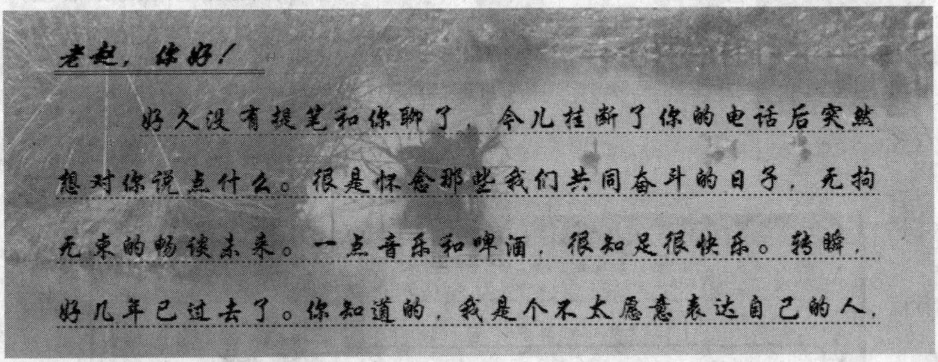
老赵，你好！

好久没有提笔和你聊了，今儿挂断了你的电话后突然想对你说点什么。很是怀念那些我们共同奋斗的日子，无拘无束的畅谈未来。一点音乐和啤酒，很知足很快乐。转瞬，好几年已过去了。你知道的，我是个不太愿意表达自己的人，

图8-27

注意：在选择作为水印的图片时，不要选择颜色过于鲜艳的，否则插入到文档中，将影响正文文字的阅读。

若要删除水印效果，可以再次单击【格式】→【背景】→【水印】命令，在打开的【水印】对话框中选中“无水印”单选项，然后单击【确定】按钮即可。

至此，这封信就算完成了。其实还可以给文档增加许多其他的效果。其命令大多在【格式】下面，大家可以根据自己的喜好自己试试看。

8.3　用Excel 2003管理家庭数据

Microsoft Excel 2003是一种风靡世界的电子表格软件。它集表格处理、统计图表、数据管理等功能为一体，是一种表格式数据综合管理与分析系统，可以广泛地应用于行政、财务、金融、经济、管理、统计和审计等众多方面。

下面就使用Excel 2003来处理一些日常生活中遇到的数据管理。

8.3.1　认识Excel 2003

启动步骤：执行【开始】→【所有程序】→Microsoft Office→Microsoft Office Excel 2003命令，如图8-28所示，即可启动Excel 2003。

启动Excel 2003之后，程序会自动创建一个名为book1的空白工作簿，默认情况下，Excel为每个新建的工作簿创建三张工作表，分别是Sheet1、Sheet2、Sheet3。

窗口中各部分名称如图 8-29 所示。

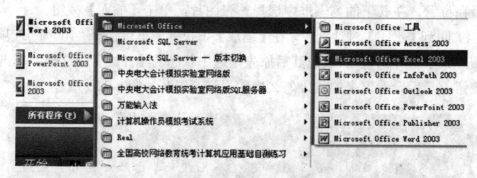

图 8-28

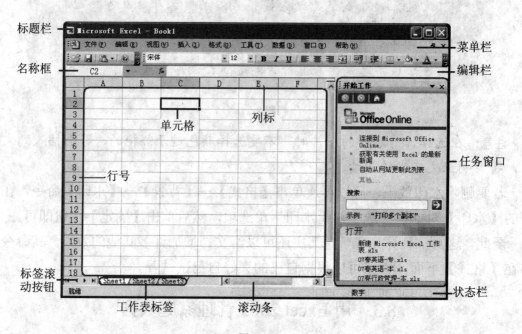

图 8-29

退出 Excel 2003 一般采用单击窗口标题栏上的⊠，也可单击【文件】→【退出】命令退出。

1. 编辑栏

编辑栏位于工具栏的下方，用于指示当前选定的单元格中的数据或公式。

2. 名称框

名称框位于编辑栏的左边，用于指示当前选定的单元格，如图 8-29 中的单元格，根据它的列标 C，行号 2，称之为 C2 单元格。

3. 工作表窗口

工作表窗口是指位于 Excel 窗口的中央区域，用于输入各项数据，进行工作。

8.3.2　简单编辑

选中工作表中的行、列或单元格，是对其进行编辑或修改的前提。单击行号或列标，可以选中整行或整列；单击单元格可以选中单元格；鼠标在工作表中拖曳可以选中任意区域；另外按住 Ctrl 键后，单击可以同时选中多个不相邻的行、列、单元格或区域。在建好的 Excel 文档中，把鼠标移到某个的单元格上方，指针就会变成一个白色的空心十字，然后双击该单元格，就可以直接在单元格内输入内容；按 Enter 键后可以在下一个单元格内输入内容，编辑栏同步显示当前单元格的内容，如图 8-30 所示。

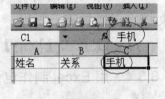

图 8-30

8.3.3　保存关闭工作簿

单击"常用"工具栏上的【保存】按钮，或者选择【文件】上的【保存】命令，即可对文件进行保存。这时，如果该文档是建立在某个目录下或者是在打开旧文档的基础上进行编辑，就直接在该目录下保存文件，如图 8-31 所示。

图 8-31

如果该文档是在打开 Excel 后新建的，会出现【另存为】对话框，选择保存位置，并输入文件名，单击"确定"按钮就完成了保存。选择【文件】上的【关闭】命令，或者单击位于程序窗口右上角的【关闭】按钮即可关闭文档。若该文档在关闭前已保存，则直接关闭；否则，就会弹出一个消息框，如图 8-32 所示。

（1）如果需要保存对该文档所进行的修改，单击【是】按钮。此时，对新建的文档，则会弹出【另存为】对话框，如果是旧文档，则先保存，然后关闭。

图 8-32

（2）如果你不想保存对该文档所进行的修改，可单击【否】按钮，Excel 不保存文档，直接关闭。

（3）如果单击【取消】按钮的话，则取消此操作，返回编辑窗口。

8.3.4　用 Excel 制作电话簿

学习了 Excel 的一些基础操作后，我们来试着制作一个电话簿吧。建立电话簿的第 1 步就是输入亲友的联系方式，这将涉及普通数据和一些 Excel 特有的数据的输入。Excel 中的数据不仅仅指 1、2、3、…数值，还指汉字、英文、公式、函数、日期和时间等。

1．普通数据输入

启动 Excel 2003，新建一个工作簿，并命名为"电话簿"并保存好。然后再双击打开它，在第一行输入表名"电话一览表"，在第二行输入其他表头字段，再把"姓名"和"关系"栏中对应的亲友信息等数据输入，由于都是文本，因此都靠单元格左对齐。

选择 C3 单元格，在编辑栏中输入手机号，按 Enter 键后发现输入的数字变成了"1.35E+10"的形式，如图 8-33 所示。

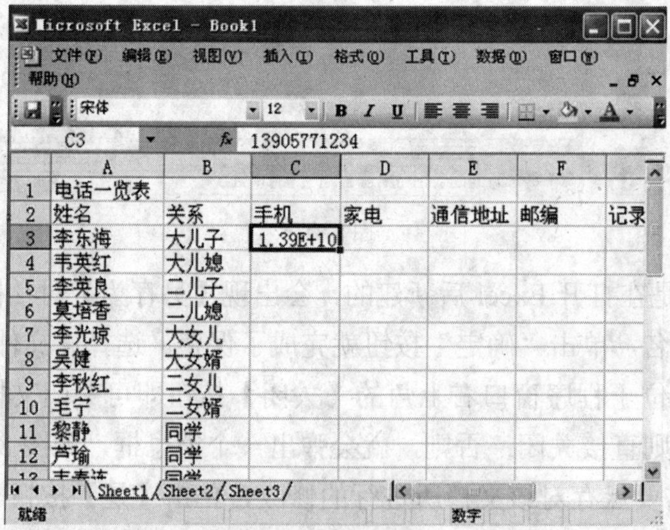

图 8-33

这是因为 Excel 默认输入的数字超过 11 位，就采用科学计数法的形式显示。所以要先选中需改变的单元格，在其上方右击，选择【设置单元格格式】（也可选择菜单栏中的【格式】→【单元格】），如图 8-34 所示。在弹出的窗口中，单击"数字"选项卡，在"分类"列表框中选择"文本"选项，再单击"确定"按钮，如图 8-35 所示。这样设置后，无论输入的数字多长，都会显示出来了。当然，列宽要适当拉宽，适合数字的长度。

图 8-34

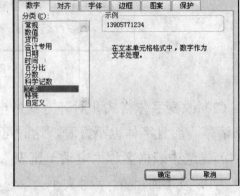

图 8-35

2. 特殊数据输入

在 Excel 表格中不但能输入一般的数据和文本，还能输入具有特殊格式的数据，如货币类型的数据"￥14.00"，日期类型的数据"2011-4-18"等。下面在"电话簿"中输入记录日期，要求显示为"2001 年 3 月 14 日"的格式，其方法如下：

单击【格式】→【单元格】命令，打开【单元格格式】对话框。单击【数字】选项卡，在【分类】列表框中选择【日期】选项，在【类型】列表框中选择一种日期类型，这里选择"2001 年 3 月 14 日"选项，如图 8-36 所示。

3. 设置工作表版面

为了使工作表的版面更美观，通常需要为单元格设置不同的格式。如将标题单元格进行合并，将表头字段设置为显眼的格式，改变表格内容的字体样式和大小，为表格添加边框和底纹。

（1）合并单元格。合并单元格是指将多个单元格合并成一个单元格。要合并标题单元格，其方法如下：

选择 A1：G1 单元格区域。单击格式工具栏上的【合并及居中】按钮，就可合并 7 个单元格成 1 个，并使表格名称"电话一览表"居中显示。

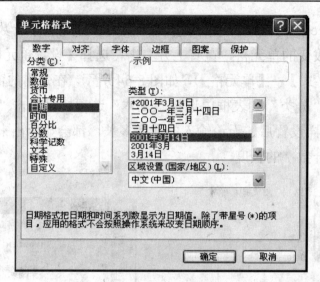

图 8-36

（2）改变字体格式和对齐方式。电话簿内容输入完后，您可能觉得文字太小看不清楚，而且字体也不好看，这时可对表格中的内容进行字体和字号的设置。

1）先选中表格名称"电话一览表"，利用工具栏设置：其文字字体为【华文行楷】；字形为【加粗】；字号大小为24；字体颜色为"蓝色"，如图8-37所示。

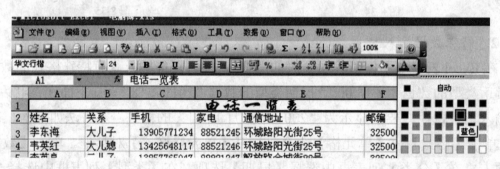

图 8-37

2）再选择下面要设置的单元格，单击【格式】→【单元格】命令，在弹出的【单元格格式】对话框中，单击【字体】选项卡，在【字体】下拉列表框中选择【楷体_GB2312】，如图8-38、图8-39所示。

单击【对齐】选项卡，在【水平对齐】和【垂直对齐】下拉列表框中均选择【居中】选项，单击【确定】按钮，如图8-40所示。

3）选择A3：G16单元格，单击【格式】→【单元格】命令，打开【单元格格式】对话框。单击"边框"选项卡，选好线条式样后，单击▦和╫按钮，即可为选中区域添加边框，如图8-41所示。

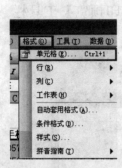

图 8-38

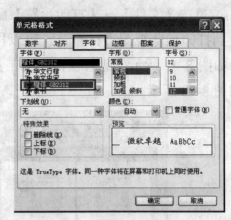

图 8-39

图 8-40

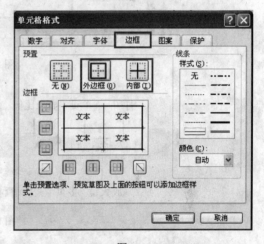

图 8-41

8.4　文件的打印

8.4.1　文档的打印预览

　　打印预览是 Word 提供的一个重要而有效的工具。它的功能很强，给人以真正的"所见即所得"的感觉。如果文档外观并非用户所想要的，可以再返回到文档视窗中更改文字格式及版面。所以，在正式打印文档之前，应预览文档的打印效果，防止文档不符合所需要求，以减少纸张的浪费。

　　如果您配置了打印机，那么书信写好之后就可以将其打印出来，在打印之前可以利用【打印预览】功能来观察打印效果，这就是"所见即所得"。

　　对文档进行打印预览的操作方法如下：

（1）单击【文件】→【打印预览】命令或单击常用工具栏上的 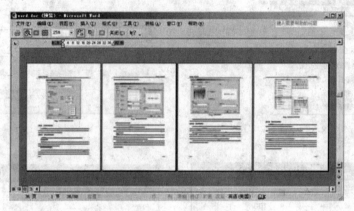 按钮，将文档切换到打印预览视图进行预览。可以按不同比例显示文档；可选择单页或多页显示，如图 8-42 所示。此时窗口上的工具栏变为【打印预览】工具栏。各按钮的功能如图 8-43 所示。

图 8-42

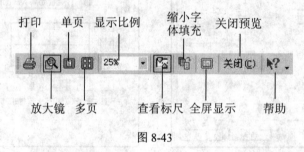

图 8-43

（2）若您觉得预览图太小了，可以单击工具栏上的 按钮，放大显示书信效果，单击【放大镜】按钮，可将文档局部放大，以便观察文档内容。

（3）预览完毕，单击工具栏上的【关闭】按钮，返回到页面视图的显示方式。

8.4.2　打印书信

对书信的预览效果确认无误后，将纸放入在打印机的进纸槽内，然后在 Word 中设置打印属性，其方法如下。

1．页面设置

（1）打开【文件】菜单，单击【页面设置】命令，打开【页面设置】对话框，单击【页边距】选项卡，输入上下左右四个方向的页边距，单击【确定】按钮就可以了，如图 8-44 所示。

（2）单击【纸张】选项卡，从【纸张】下拉列表框的列表中选择纸张的大小、来源等，如图 8-45 所示。

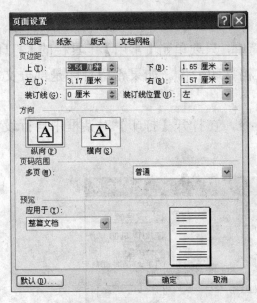

图 8-44

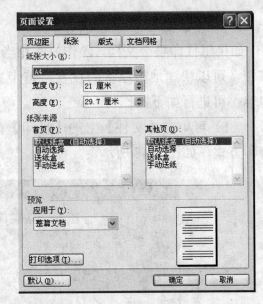

图 8-45

（3）打开"页面设置"对话框，单击"版式"选项卡，从【垂直对齐方式】下拉列表框中选择对齐方式，单击【确定】按钮，单击【版式】工具栏上的【居中】按钮，把文档放到整个页面的中间，如图 8-46 所示。

（4）打开【页面设置】对话框，单击【文档网格】选项卡，在【文字排列】选择区可选择方向，这里选中选择【水平】（有的打印机上称"横向"、"纵向"），如图 8-47 所示。纸张设置好后，就可以接着对打印进行设置。

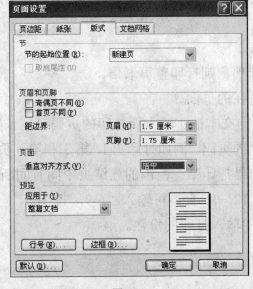

图 8-46

图 8-47

2. 打印设置

如果想打印整个文档，操作方法相当简单，只要单击【常用】工具栏的【打印】按钮，可以快速地按默认的设置将整个文档打印一份。如果希望打印是部分文档内容，可进行如下操作：

（1）可单击【文件】上的【打印】命令，在打开【打印】对话框中自行设置打印方式，如图 8-48 所示。

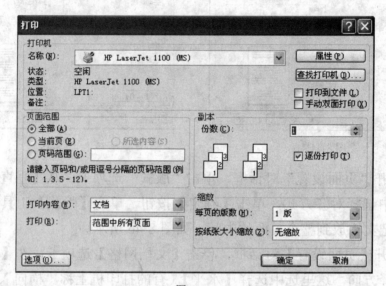

图 8-48

（2）在【打印机】栏的【名称】下拉列表框中选择需要使用的打印机，一般情况下系统都默认计算机连接的打印机。

（3）在【页面范围】可进行如下操作：

在【页面范围】栏中选中【全部】单选项，则打印整篇书信。

选中【当前页】单选项，则打印光标所在的页面。

选中【页码范围】单选项，则可在其后的文本框小输入要打印的页码范围。如果打印不连续的若干页，可输入用逗号分隔的页码。例如打印第 1、第 3 和第 6 页，可在【页码范围】框内输入 "1，3，6"。如果打印某一范围的连续页中间有间断，可用逗号进行分隔。如打印第 6～9 页和第 12～16 页，可输入 "6-9，12-16"。

（4）在 "副本" 栏的 "份数" 数值框中输入打印的份数。

第 9 章 浏览和打印数码照片

9.1 将数码照片导入到电脑

现在数码照相机已经十分普及，老年朋友出去旅游，带上相机记录下精彩的瞬间或是沿途的风景，然后将照片导入到电脑中进行保存，不仅可以方便浏览，还可以设为桌面背景。照片多了后，还可以将它们制作成电子相册，为自己的生活增添更多乐趣。

9.1.1 导入到电脑前的简要知识

数码相机的品牌不一样，其在连接电脑后所打开的窗口可能也不同。目前，大多数数码相机不需要安装驱动程序，而是作为一种可移动存储硬件设备通过数据线直接与电脑连接。连接之后，电脑将自动识别并添加此硬件设备，随后便可通过复制等方式将数码相机中的照片导入电脑进行保存。

9.1.2 向电脑中导入数码照片

老年朋友们不用担心导入照片的操作有多么复杂，实际上非常简单。目前，几乎所有的数码相机都提供了 USB 接口，因此利用 USB 连接线可以便捷地将数码相机与电脑相连并将照片导入电脑。在 Windows XP 操作系统下，系统会自动识别数码相机中的存储器并打开一个对话框。用户只要在该对话框中双击选择合适的选项，即可按照提示转存照片、浏览照片等。下面通过复制的方式直接将照片导入到电脑中，其操作步骤如下：

（1）关闭数码相机，将数码相机配套的数据线输出端插入相机的 USB 接口，另一端插入电脑的 USB 接口。

（2）将数码相机设置为可移动存储硬件设备，一般为相机屏幕上的默认选中选项，按 OK 键即可。

（3）双击【我的电脑】窗口中的新硬件（有些可能会显示成【可移动磁盘】），打开窗口，如图 9-1 所示。

（4）双击 DCIM 文件夹，打开 DCIM 窗口。双击其中的 100RICM 文件夹，如图 9-2 所示。

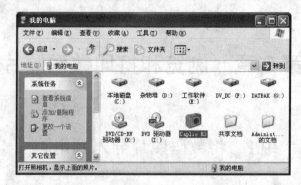

图 9-1

（5）在该窗口中选择要复制的照片（按住 Ctrl 键多选），单击【编辑】→【复制】命令，如图 9-3 所示。

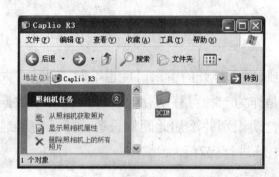

图 9-2

图 9-3

（6）在"图片收藏"文件夹下新建"国庆旅游"文件夹，单击【编辑】→【粘贴】命令，完成照片的复制，如图 9-4 所示。

图 9-4

9.2 浏览数码相片

导入照片后，在电脑中便可以方便地对这些照片进行查看。利用系统自带的图片浏览工具——Windows 图片和传真查看器，还可以对图像做些简单的编辑操作。

9.2.1 认识 Windows 图片和传真查看器

Windows XP 系统自带有图片浏览工具，不需要安装其他专门的看图软件。通过它可以直接对图像进行查看与简单的编辑。找到电脑中的某个图像，双击电脑中的某个图像，即可默认打开"Windows 图片和传真查看器"窗口，在其中可查看图像或对图像进行一些简单的编辑处理，如图 9-5 所示。

图 9-5

下面对【Windows 图片和传真查看器】窗口的主要组成部分进行介绍。

1. 预览区

在预览区中可直观地查看选中的照片，而不是单纯地查看图像的缩略图。

2. 操作按钮区

在操作按钮区中集中了浏览和编辑处理图像的按钮，通过它们可进行【删除】、【放大】等操作。

9.2.2 浏览照片

利用 Windows 图片和传真查看器浏览电脑中的照片非常简单、便捷，下面举例说明。

打开【Windows 图片和传真查看器】窗口，即可在其中浏览照片。如浏览 E

盘"国庆旅游"文件夹中的照片，其操作步骤如下：

（1）打开【我的电脑】窗口，双击存放照片的磁盘图标，这里双击 E 盘的图标，打开【本地磁盘（E:）】窗口。

（2）双击"国庆旅游"文件夹图标，在打开的【国庆旅游】窗口中双击名为 093.jpg 的照片，即可打开【Windows 图片和传真查看器】窗口预览该照片。

（3）单击🄝按钮浏览下一张照片，若单击🄚按钮则可浏览上一张照片。

在 Windows 图片和传真查看器中，可以对照片进行一些简单的处理，如调整照片大小、旋转照片、将照片复制到其他位置或者将照片打印出来。

9.2.3　调整照片大小

调整照片大小的方法如下：

（1）在【Windows 图片和传真查看器】窗口中打开照片，单击🔎按钮。

（2）照片被放大，此时光标变为🔎形状。在图片预览区中单击，照片被放大，如图 9-6 所示。

在放大状态下，多次单击🔎按钮可逐渐缩小图片，直到恢复原始大小；按 Esc 键退出放大或缩小状态。另外，在 Windows 图片和传真查看器的控制按钮区中，单击✛按钮显示图片的实际大小；单击▣按钮显示图片的最合适大小，如图 9-7 所示。单击🖵按钮则以幻灯片形式浏览图片。

图 9-6

图 9-7

9.2.4　旋转照片

如果照片的方向明显不对，可以将其旋转。旋转照片的方法如下：

（1）在【Windows 图片和传真查看器】窗口中打开照片，单击🔄按钮，如图 9-8 所示。

（2）如果照片应该往逆时针旋转，则单击 按钮。照片逆时针旋转了 90°，如图 9-9 所示。

图 9-8　　　　　　　　　　　　　　　　　图 9-9

9.2.5　复制照片

如果觉得照片需要保存在其他位置，可以将它快速复制到新的位置。复制照片的方法如下：

（1）在【Windows 图片和传真查看器】窗口中打开照片，单击 按钮。

（2）打开【复制到】对话框，在【保存在】下拉列表框中选择新的保存位置。

（3）照片被复制到新的文件夹中，原位置的照片保持不变。

也可在图片上右击，在弹出的菜单中单击【设为桌面背景保】命令，可以直接将屏幕的背景图片变为当前浏览的图片。

9.3　使用"光影魔术手"加工相片

光影魔术手是一个用于照片画质改善和个性化处理的软件，它具有简单、易用的优点，每个人都能利用它制作精美的相框、艺术照甚至专业胶片效果，而且该软件完全免费，可以很方便地通过网络将其下载并安装到电脑中。

9.3.1　给相片定尺寸

一般来说，数码相机中的原始相片文件的尺寸都比较大，虽然原始文件保证了相片的较高清晰度，但是往往不利于保存到电脑中或上传到网络。因此，自定义相片尺寸，将其调整到自己需要的大小，是我们最常用到的操作之一。其具体步骤如下：

（1）安装"光影魔术手"软件下到电脑中后，双击桌面图标启动程序。

（2）进入程序的主界面后，单击【打开】按钮，打开【打开】对话框。

（3）在【打开】对话框中定位到保存数码相片的【风景】文件夹后，选中要缩放的图片，此时在右侧的预览窗口中将显示该图片的缩略图，并给出图片的具体分辨率信息，确认后单击【打开】按钮打开相片文件，如图9-10所示。

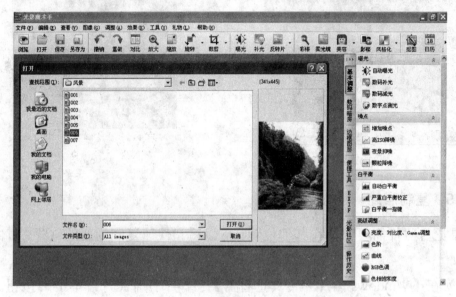

图9-10

（4）在主菜单中单击【图像】→【缩放】命令 ✓ 开始缩放，如图9-11所示。

图9-11

（5）此时打开【调整图像尺寸】对话框，在该对话框中，可以在【新图片宽度】和【新图片高度】文本框中输入指定的像素尺度。如果不了解像素与照片尺寸的换算关系，可以单击【快速设置】按钮，然后选择【按照片冲印尺寸】命令，然后在弹出的菜单中选择具体尺寸的照片大小选项，譬如选择【6 寸 / 4R 照片大小】命令，如图 9-12 所示。

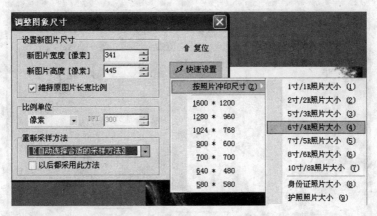

图 9-12

（6）此时，【新图片宽度】和【新图片高度】文本框中的数值将换算到具体像素值，单击【开始缩放】命令即可开始缩放相片文件。如果不满意，也可以单击【复位】按钮恢复到原来尺寸，如图 9-13 所示。

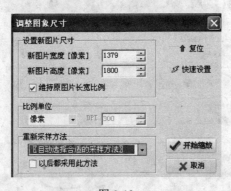

图 9-13

（7）返回到程序主界面时，单击【另存为】按钮，打开【另存为】对话框，在该对话框中设置文件名为 "006-1"，然后单击【保存】按钮之前弹出保存选项窗口，如图 9-13 所示，最后单击 "确定" 按钮，如图 9-14 所示。

（8）此时弹出【保存图像文件】对话框，在该对话框中选中【采用高质量 Jpeg 输出】复选框，可以保证输出相片的质量；然后单击【估算大小】按钮，可以预算缩放后相片文件的大小。确认无误后，单击【确定】按钮即可将缩放后的相片保存了。值得注意的是，在默认情况下，【另存为】对话框中的文件名和路径与原文件是相同的。如果此时用户单击【保存】按钮将会把原始文件覆盖，因此建议更换默认的文件名后再保存图片文件，如图 9-15 所示。

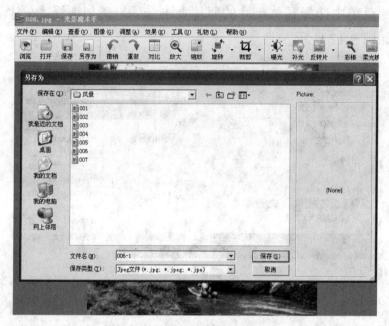

图 9-14

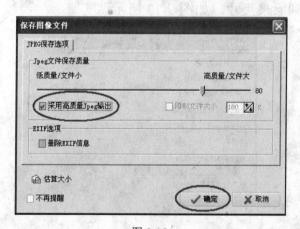

图 9-15

9.3.2　裁剪相片

在拍摄照片时，不能按自己的意愿选择景物的位置，有很多凌乱的景物会影响画面主体的表现。这时候，可以通过使用如图 9-16 所示的【裁剪】工具来改善画面的结构，突出主体，使得照片更加赏心悦目。下面讲一下如何操作：

图 9-16

（1）在"光影魔术手"的程序主界面中单击【打开】按钮，在【打开】对话框中选中需要裁剪的数码相片并将其打开。

（2）在主界面中单击【裁剪】按钮，打开【裁剪】对话框，如图 9-17 所示。

图 9-17

（3）在【裁剪】对话框中，选中【自由裁剪】单选按钮，然后选择【矩形选择工具】。此时光标将变为一个十字形状，按下鼠标左键在窗口中的图片上拖动出一个矩形选框选需要截取的部分，然后松开鼠标左键，此时被截取的部分周围将有虚线显示，而其他部分将会以羽化状态显示（较为模糊），如图 9-18 所示。

（4）单击【确定】按钮返回主界面，此时主界面将显示被截取后的图像。

图 9-18

（5）在主界面上单击【另存为】按钮，打开【另存为】对话框，输入新的文件名"009-1"，然后单击【保存】按钮。

（6）打开【保存图像文件】对话框后，选中【采用高质量 Jpeg 输出】复选框，然后单击【确定】按钮即可将缩放后的相片保存了，如图 9-19 所示。

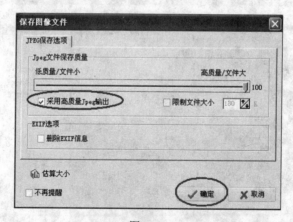

图 9-19

9.3.3　加工相片

"光影魔术手"的真正强大之处在于对相片的加工和处理功能。相比于 Photoshop 等专业图片处理软件而言，【光影魔术手】对于数码相片的针对性更强，而加工程序却更为简单，即使是没有任何基础的新手也可以迅速上手。下面讲一下如何操作。

（1）在【光影魔术手】的程序主界面中单击【打开】按钮，在【打开】对话框中选中一张数码相片并将其打开。

（2）该相片由于天气阴暗和相机曝光不足等原因，显得较为灰暗。此时，您可以在主界面中单击【曝光】按钮，解决曝光不足，如图 9-20 所示。

图 9-20

（3）接着，单击【补光】按钮，为相片增加亮度。

（4）单击【对比】按钮，可以比较修改前后的效果，如图 9-21 所示。

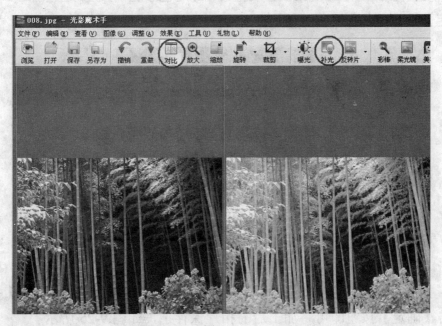

图 9-21

（5）在菜单栏上单击【效果】→【其他特效】→【晚霞渲染】命令，如图9-22所示。

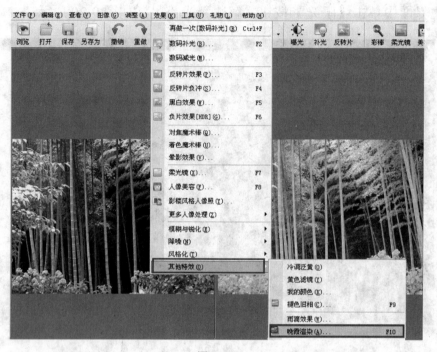

图 9-22

（6）此时，打开【晚霞】对话框，在该对话框中拖动滑块调整具体参数，将【阈值】设置为160，【过渡范围】设置为80，【色彩艳丽度】设置为200，然后单击【确定】按钮，如图9-23所示。

图 9-23

（7）返回主界面后，单击【对比】按钮，可以比较修改前后的效果。

（8）单击【另有为】按钮，在打开的【另存为】对话框中输入文件名"晚霞"，然后单击【保存】按钮，如图9-24所示。

（9）打开【保存图像文件】对话框后，选中【采用高质量Jpeg输出】复选框，然后单击【确定】按钮即可将加工后的相片保存了，如图9-25所示。

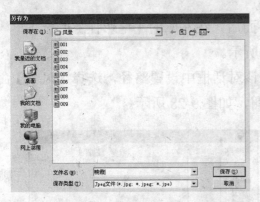
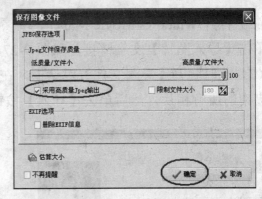

图 9-24　　　　　　　　　　　　　　　　　图 9-25

　　在光影魔术手中，远不止【晚霞】一种特效，其他主要的还有【浮雕】、【铅笔素描】、【纹理化】、【雨滴效果】、【褪色效果】等多种效果，这些效果都可以通过【效果】下拉列表中的选项或者命令进行设置。老年朋友可以自行尝试。

9.4　使用 Windows Movie Maker 轻松制作电子相册

　　将电脑中好看的数码相片整理起来，并制作成一本电子相册，在闲暇时翻看，无疑是一件很有趣的事。使用 Windows XP 操作系统自带的 Windows Movie Maker，不仅可以将电脑中的相片组织成电子相册，还可以通过它为相册添加背景音乐，使其效果就像播放电影一样。

9.4.1　导入相片

　　使用 Windows Movie Maker 制作电子相册的首要步骤，就是将相片导入其中。选中需要的相片，然后将相片导入到 Windows Movie Maker 中的步骤如下。

　　（1）打开【开始】菜单，单击【所有程序】→Windows Movie Maker 命令。如图 9-26 所示。

图 9-26

（2）打开 Windows Movie Maker 的主界面后，在左侧的【电影任务】选项区域中单击【导入图片】文字链接，如图 9-27 所示。

（3）此时打开【导入文件】对话框，在该对话框中设置路径，选择【风景】文件夹中的所有相片，然后单去【导入】按钮，如图 9-28 所示。

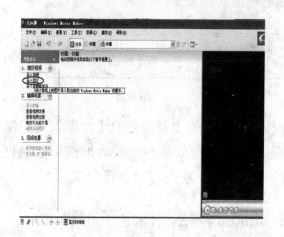

图 9-27

图 9-28

（4）此时即可看到，相片已经被添加到【收藏】窗格中了，您可以在【预览】窗格中预览照片。预览完毕后，单击【显示时间线】按钮，如图 9-29 所示。

图 9-29

（5）选中【收藏】窗格中的相片，按住鼠标左键不放，然后将相片拖到时间线处的最左端。

（6）松开鼠标左键后，即可将相片拖入时间线，如图 9-30 所示。

图 9-30

（7）将光标移动至时间线上相片的右侧小三角上，等光标呈四个箭头形状时，按住鼠标左健向右拖动，可以延长相片的播放时间，然后松开鼠标左键即可。

（8）参考之前的步骤，将其他照片拖动到时间线上然后调整其播放时间，如图 9-31 所示。

图 9-31

9.4.2　添加过渡效果

在导入相片并设置了时间线之后，还可以为相片播放添加过渡效果，使得播放效果更好。其操作方法如下：

（1）在 Windows Movie Maker 的主界面中，单击【电影任务】窗格中的【查看视频效果】文字链接，如图 9-32 所示。

图 9-32

（2）此时弹出【视频效果】窗格，在该窗格中可以查看多种视频效果，双击任意一个视频效果可以进行效果的预览，如图 9-33 所示。

图 9-33

（3）单击【情节提要时间线】窗格中的【显示情节提要】按钮，切换到【情节提要】窗格中，如图 9-34 所示。

图 9-34

（4）选中【淡出，变白】选项，然后按下鼠标左键将其拖动到【情节提要】窗格中照片左下角的五角星处，然后释放鼠标左键，如图 9-35 所示。

图 9-35

（5）此时按钮变为，然后按照之前的方法，将自己喜欢的视频效果分别添加到其他相片上即可。

（6）单击【电影任务】窗格中的【查看视频过渡】文字链接，如图 9-36 所示。

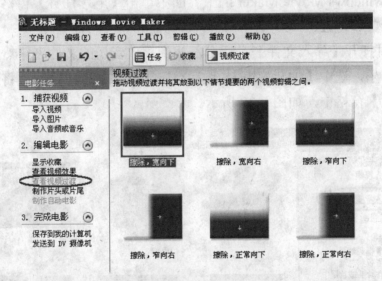

图 9-36

（7）在弹出的【视频过渡】窗格中，可以看到多种视频过渡效果，双击其中任意一个效果即可在右侧的【预览】窗格中进行预览。

（8）选中【擦除，宽向下】选项，然后按住鼠标左键将其拖动到【情节提要】窗格中两个相片剪辑之间的□按钮上，然后释放鼠标左键。

（9）此时过渡□按钮变为▬，然后按照之前的方法将其他特效添加到其他相片剪辑之间，如图 9-37 所示。

（10）此时过渡效果添加完毕，可以单击【预览】窗格中的【播放】按钮预览相册效果。如果对添加的过渡效果不满意，可以单击相应按钮进行调整，然后按键盘上的 Delete 键将其删除，然后重新拖动其他视频效果即可。

图 9-37

9.4.3　添加背景音乐

在使用 Windows Movie Maker 制作电子相册时，还可以为其添加相应的音乐场景，使制作出来的影集更加专业。其方法如下：

（1）在 Windows Movie Maker 的主界面中单击【电影任务】窗格中的【导入音频或音乐】文字链接。

（2）此时打开【导入文件】对话框，找到存放音乐的文件夹，然后在列表中选中喜欢的音乐，选中【加州旅馆】，然后单击【导入】按钮，即可将该音乐文件导入到【收藏】窗格中，如图 9-38 所示。

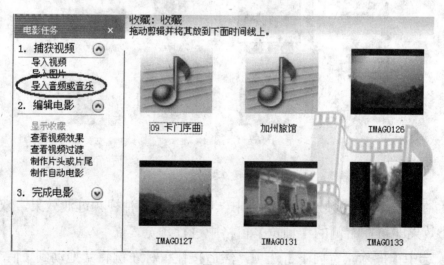

图 9-38

（3）单击【情节提要】窗格中的【显示时间线】按钮，切换到【时间线】窗格中，然后选中【加州旅馆】音乐文件的图标，并按住鼠标左键不放，将其拖动到【音频/音乐（M）】对应的时间线上的最左端，然后松开鼠标左键。

（4）此时可以看到【加州旅馆】歌曲已经被添加到了时间线上，单击【预览】窗格中的【播放】按钮，即可开始欣赏相册影片，如图 9-39 所示。

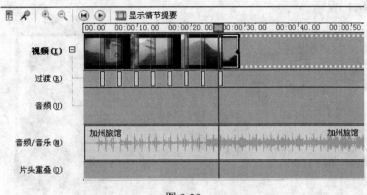

图 9-39

制作影片时，应当尽量使【视频】的播放时间线长度与【音频/音乐】的时间线长度相同。这是因为，在播放影片时，【视频】的时间线和【音频/音乐】的时间线都是独立播放的，如果两者长度不同将会在结尾出现"有音无画"或者"有画无音"的情况，从而影响影片的整体协调性。

9.4.4　导出影片文件

通过 Windows Movie Maker 制作出来的电子相册，还可以被导出成为普通视频文件保存起来，这样不仅便于我们平时欣赏，还可以发送给朋友们分事。其方法如下：

（1）在 Windows Movie Maker 主界面中的【电影任务】窗格中，单击【保存到我的计算机】文字链接，如图 9-40 所示。

（2）在打开的【保存电影向导】对话框中，进入【已保存的电影文件】界面，在【1. 为所保存的电影输入文件名】文本框中输入"云南游"，然后单击【浏览】按钮。

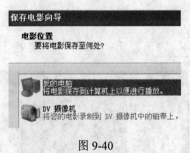

图 9-40

（3）在打开的【浏览文件夹】对话框中，选择保存影片的路径，这里选择【桌面】选项。

（4）单击【确定】按钮返回【已保存的电影文件】界面，此时可以看到【2. 选择保存电影的位置】下拉列表框中的保存位置发生变化。

（5）单击【下一步】按钮，进入【电影设置】界面，该界面主要显示了当前影片文件的详细信息，保持默认设置不更改。

（6）单击【下一步】按钮，进入【正在保存电影】界面，此时系统开始保存影片，如图 9-41 所示。

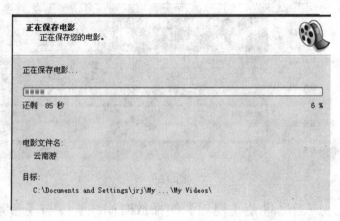

图 9-41

（7）待完成后，进入【正在完成"保存电影向导"】界面，选中【单击"完成"后播放电影(P)。】复选框，然后单击【完成】按钮即可开始欣赏影片。

9.5　打　印　照　片

（1）在【Windows 图片和传真查看器】窗口中打开照片，单击🖶按钮，如图 9-42 所示。

（2）打开【照片打印向导】对话框，直接按单击 下一步(N) 按钮，如图 9-43 所示。

图 9-42

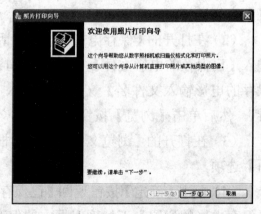

图 9-43

（3）打开【照片选择】对话框，单击要打印的照片上方的方框使其选中，如

图 9-44 所示，单击 下一步(N) 按钮。

（4）打开【照片打印向导】对话框，单击 打印首选项(P) 按钮，如图 9-45 所示。

（5）打开打印机属性设置对话框，在【纸张/质量】选项卡下的【纸张规格】下拉列表框中选择纸张大小，打开【布局选择】对话框。在"布局"列表框中可选择打印照片的方向，在"打印每张照片的次数"数值框中输入要打印的次数，单击 确定 按钮，如图 9-46 所示。

图 9-44

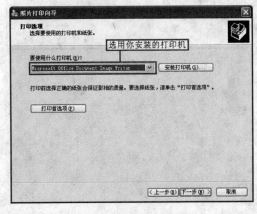

图 9-45

有些打印机会有【图形】选项卡，在【图像类型】列表框中可选择【高质量(照片)】选项，这样可使打印的照片更清晰，如图 9-47 所示。

图 9-46

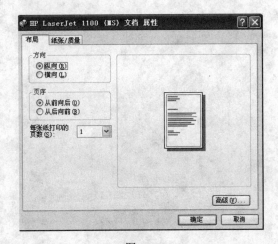

图 9-47

（6）回到【照片打印向导】对话框中，单击 下一步(N) 按钮，如图 9-48 所示。

（7）然后向导将照片发送到打印机，准备开始打印。完成照片打印时将打开如图 9-49 所示对话框，单击【完成】按钮退出向导。

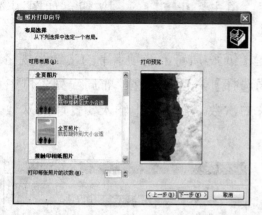

图 9-48

图 9-49

第 10 章　网上信息服务

10.1　网上天气预报

随着网络技术的进步，Internet 为人们提供了越来越多经济而又快捷、全方位的服务。在网上不仅能了解外面的世界，而且生活中的许多事情都可以在网上得到解决。网络使人们的衣、食、住、行等日常生活变得更加方便，更加丰富多彩。

对于那些准备外出的人来说，了解未来的大气变化是十分必要的。现在互联网可以随时向你提供详细的天气预报服务，在线查询天气的网站提供的气候服务相当齐全，其气候查询结果可以精确到每一个城市，甚至还有许多相关的气象分析，如卫星云图、紫外线、台风、闪电等。下面以"中国天气网"http://www.weather.com.cn 为例，介绍一下如何查询网上提供的天气预报信息。

（1）在 IE 浏览器的地址栏内输入 http://www.weather.com.cn，按 Enter 键，进入"中国天气网"的首页。

（2）将光标放在想要查询天气情况的省会城市边的红点上，然后就会显示出该省未来 24 小时的天气预报。

（3）也可以根据所显示的城市，例如想要了解浙江省的天气，可选择"浙江"，如图 10-1 所示。

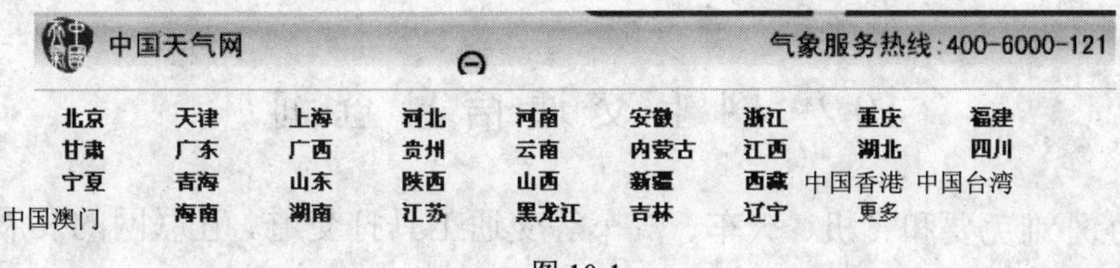

图 10-1

（4）如果想具体找到某个城市的天气预报，可以在右边的  输入想要找的城市名，然后单击"查询"。例如想找温州的天气预报，如图 10-2 所示。

（5）如果还想了解未来 5 天的天气，可在选择 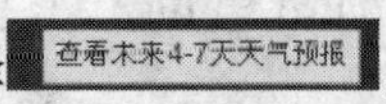 ，如图 10-3 所示。该页面还列出了具体的生活指数，也便大家参考。

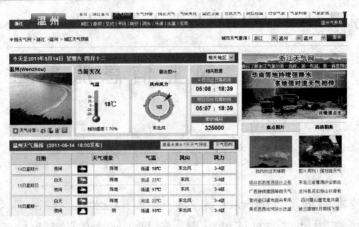

图 10-2

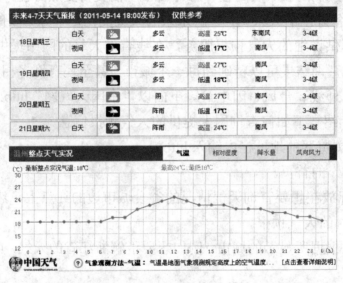

图 10-3

10.2 网上交通信息查询

出门在外难免要和飞机、火车、汽车等交通工具打交道。互联网的发展为人们的生活提供了方便。通过互联网可以以查询交通信息。例如在出远门前可以在电脑上查询航班信息，甚至可以直接上网上订票。这里将详细讲解电脑查询交通的信息知识。

10.2.1 全国航班查询

要出远门，飞机无疑是最快捷的交通工具。但我们到机场购票时，不时会遇到票已经卖完的情况，不得不在机场上等一两小时或甚至更长的时间，有时还会白跑一趟。如果在购票之前查询一下航班的情况就不需要在机场浪费时间了，甚至还可以直接在网上预订机票。

国内有很多提供网上订机票的网站，从整体服务来看，推荐使用携程网及芒果网。不但可以查询全国各航班的情况，还可以预订机票及酒店。其价格比机场购买更便宜。

携程网地址：http://www.ctrip.com/。

芒果网地址：http://www.mangocity.com/。

本节以携程网为例介绍查询航班的方法，其他网站的操作方法大同小异，需要注意的是，如果要预订机票，建议选择可靠的网站，千万不要到一些不知名的网站预订，以免上当受骗。

（1）启动 Internet Explorer 浏览器，在地址栏中输入 http://www.ctrip.com/ 后，按 Enter 键，打开携程网，如图 10-4 所示。

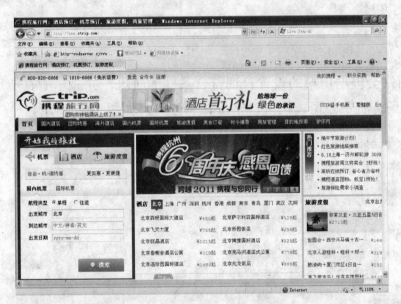

图 10-4

（2）进入携程网后单击【出发城市】，在弹出的对话框选择出发城市，也可以直接在【出发城市】文本框中输入出发城市，如图 10-5 所示。

（3）单击【到达城市】，然后在弹出的下拉列表中选择到达城市，也可以在【到达城市】文本框中输入目的城市，如图 10-6 所示。

（4）单击【出发日期】，然后在弹出的对话框选择出发的日期，如果需要购买返程票，使用相同的方法，选择返回的日期。

（5）在【乘客人数】下拉列表中选择乘客的人数，在【送票城市】文本框写送票的城市（如果仅查询机票可以不填）。接着选择乘客类型，设置完毕后单击【搜索】按钮，开始查询航班信息。

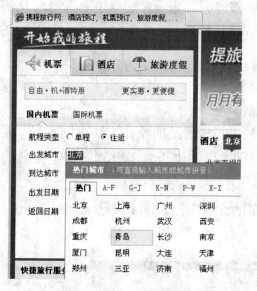

图 10-5

图 10-6

（6）网站会根据用户的设置查询符合条件的航班，并显示所有航班信息，包括时间、机场、航空公司、机型、票价、舱位等，如图 10-7 所示。

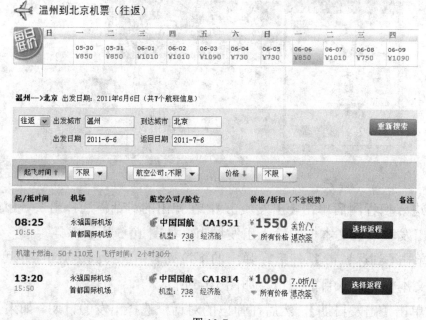

图 10-7

如果需要预订机票，则单击右侧的【预订】按钮，要注意的是，要使用携程网的机票预订服务，必须先注册成为其会员。

10.2.2 全国火车票时刻表查询

每年一度的春运用"万人瞩目"来形容一点也不夸张，火车便成为春运的主角。每年都有许多人为了抢购一张春运火车票，通宵达旦地排队，由于火车票不能像飞机票那样直接在网上订购，只能通过电脑查询火车车次、票价、时刻表等信息。

在电脑上查询火车时刻表有两种途经：一是访问专门查询网站，如中国火车票网、中国铁路时刻网等。二是使用列车时刻表查询软件，如极品列车时刻表、盛名列车时刻表等。两种查询方法各有利有弊。网站查询需要电脑连接互联网，但数据更新及时准确，而使用软件查询不需要连接互联网，甚至有手机版，但缺点是需要连接互联网才能更新，显示的时刻表不够准确。

常用的火车时刻表查询网站有：

中国火车票网地址：http://www.huochepiao.com/。

中国铁路时刻网地址：http://www.shike.org.cn/。

铁路客户服务中心地址：http://www.12306.cn/mormhweb/。

下面以在火车票网站中查询温州到杭州的火车的相关情况为例进行介绍，其操作步骤如下：

（1）启动 Internet Explorer，在地址栏中输入 http://www.huochepiao.com/ 后，按 Enter 键，打开中国火车票网，如图 10-8 所示。

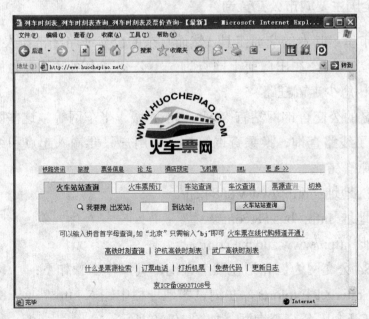

图 10-8

（2）在“出发站”文本框中输入“温州”，在“到达站”文本框中输入“杭州”，单击【火车站站查询】按钮。

（3）然后在打开的页面中即可看到温州到杭州的列车的班次、票价等信息，如图 10-9 所示。

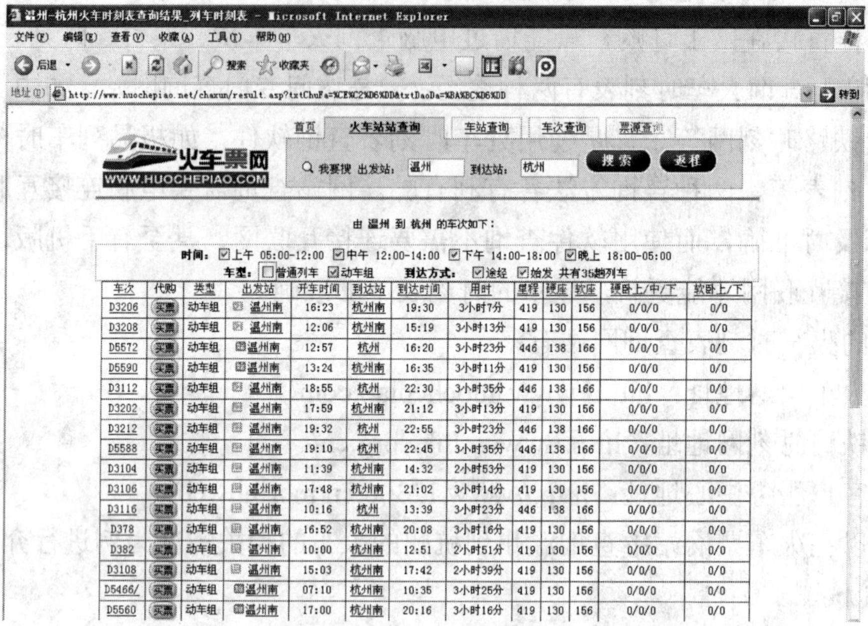
温州-杭州火车时刻表查询结果_列车时刻表 - Microsoft Internet Explorer
文件(F) 编辑(E) 查看(V) 收藏(A) 工具(T) 帮助(H)
后退 搜索 收藏夹
地址(D) http://www.huochepiao.net/chaxun/result.asp?txtChuFa=%CE%C2%D6%DD&txtDaoDa=%BA%BC%D6%DD
转到
首页 火车站站查询 车站查询 车次查询 票源查询
火车票网
WWW.HUOCHEPIAO.COM
我要搜 出发站: 温州 到达站: 杭州
搜索 返程
由 温州 到 杭州 的车次如下：
时间：上午 05:00-12:00 中午 12:00-14:00 下午 14:00-18:00 晚上 18:00-05:00
车型：普通列车 动车组 到达方式：途经 始发 共有35趟列车
车次 代购 类型 出发站 开车时间 到达站 到达时间 用时 里程 硬座 软座 硬卧上/中/下 软卧上/下
D3206 买票 动车组 温州南 16:23 杭州南 19:30 3小时7分 419 130 156 0/0/0 0/0
D3208 买票 动车组 温州南 12:06 杭州南 15:19 3小时13分 419 130 156 0/0/0 0/0
D5572 买票 动车组 温州南 12:57 杭州 16:20 3小时23分 446 138 166 0/0/0 0/0
D5590 买票 动车组 温州南 13:24 杭州南 16:35 3小时11分 419 130 156 0/0/0 0/0
D3112 买票 动车组 温州南 18:55 杭州 22:30 3小时35分 446 138 166 0/0/0 0/0
D3202 买票 动车组 温州南 17:59 杭州南 21:12 3小时13分 419 130 156 0/0/0 0/0
D3212 买票 动车组 温州南 19:32 杭州 22:55 3小时23分 446 138 166 0/0/0 0/0
D5588 买票 动车组 温州南 19:10 杭州 22:45 3小时35分 446 138 166 0/0/0 0/0
D3104 买票 动车组 温州南 11:39 杭州南 14:32 2小时53分 419 130 156 0/0/0 0/0
D3106 买票 动车组 温州南 17:48 杭州南 21:02 3小时14分 419 130 156 0/0/0 0/0
D3116 买票 动车组 温州南 10:16 杭州 13:39 3小时23分 446 138 166 0/0/0 0/0
D378 买票 动车组 温州南 16:52 杭州南 20:08 3小时16分 419 130 156 0/0/0 0/0
D382 买票 动车组 温州南 10:00 杭州南 12:51 2小时51分 419 130 156 0/0/0 0/0
D3108 买票 动车组 温州南 15:03 杭州南 17:42 2小时39分 419 130 156 0/0/0 0/0
D5466/ 买票 动车组 温州南 07:10 杭州南 10:35 3小时25分 419 130 156 0/0/0 0/0
D5560 买票 动车组 温州南 17:00 杭州南 20:16 3小时16分 419 130 156 0/0/0 0/0

图 10-9

10.2.3 全国主要城市公交查询

公交是城市里最基本的交通工具，然而复杂的公交线路经常让人云里雾里。不知该怎么换乘。其实，在出门前上网查询一下公交查询网站就会为您制定最优化的乘车线路，让您少走冤枉路。

目前较有名的公交查询网站有 8684、58 同城、坐车网等。这些网站的功能差不多，都提供了线路查询、换乘查询等功能。用户只要输入起点和终点，就可以查询到最佳的乘车方案。

8684 公交网地址：http://www.8684.cn/。

58 同城网地址: http://bus.58.com/。

坐车网地址: http://www.zuoche.com/。

下面以 8684 公交网为例介绍在网上查询，其操作步骤如下：

（1）启动 Internet Explorer，在浏览器地址栏中输入 http://www.8684.cn/ 后，按 Enter 键，打开全国公交查询网，如图 10-10 所示。

（2）单击【切换城市】文字链接，在弹出的【切换城市】下拉框里选择需要查询公交的城市，比如"温州"，如图 10-11 所示。

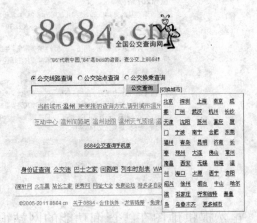

图 10-10   图 10-11

（3）选中【公交换乘查询】单选按钮，然后在文本框中依次输入起始站和终点站，然后单击【公交查询】按钮。稍等片刻就会显示多个乘车方案供用户选择，如图 10-12 所示。

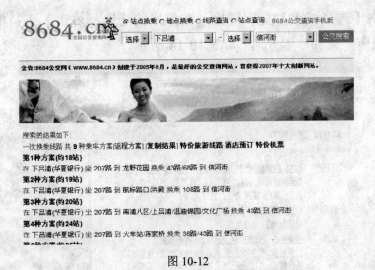

图 10-12

（4）单击某一种方案要查看到该线路对应的去程和回程情况，如图 10-13 所示。

10.2.4　地图在线查阅

传统的纸质地图通常只有简单的地名、公路等信息。往往难以满足人们更多的需求。例如要查询某位置附近的银行、餐馆、商场或公交路线，传统的地图便无能为力了，而通过电脑查询在线地图，上述所有的问题都能迎刃而解。

经过 下吕浦(华夏银行) 的线路. 207路
温州207路
市区线路 鹿城公交5:40-20:30 温化总厂5:45-21:50 票价2元（无人售票）鹿城公交
去程: 鹿城公交 - 聚英 - 岠江东路 - 会展中心 - 岠江中路 - 杨府山码头 - 思芳路 - 杨府殿 - 十六中 - 府东家园 - 上陡门 - 航标路口 - 洪殿 - 黎明立交桥 - 蒋家桥 - 文化广场 - 文化公园 - 下吕浦(华夏银行) - 温迪锦园 - 南浦八区 - 龙野花园 - 上吕浦 - 火车站 - 新南站 - 丽田 - 东屿村 - 劳务市场 - 牛山北路 - 车管所 - 葡萄棚 - 水心汇昌 - 将军大酒店 - 下桥 - 上桥 - 瓯浦垟 - 营楼村 - 康华路口 - 双屿 - 双屿温化生活区 - 双屿客运中心 - 下岭 - 稔师村 - 经一路 - 戴宅(星家鞋业) - 温化总厂 **(45站)**
回程: 温化总厂 - 戴宅(星家鞋业) - 经一路 - 稔师村 - 下岭 - 双屿客运中心 - 双屿温化生活区 - 双屿 - 康华路口 - 营楼村 - 瓯浦垟 - 双乐住宅区 - 上桥 - 下桥 - 将军大酒店 - 水心汇昌 - 葡萄棚 - 车管所 - 牛山北路 - 劳务市场 - 东屿村 - 丽田 - 新南站 - 火车站 - 上吕浦 - 龙野花园 - 南浦八区 - 温迪锦园 - 下吕浦(华夏银行) - 文化公园 - 文化广场 - 蒋家桥 - 黎明立交桥 - 洪殿 - 航标路口 - 上陡门 - 府东家园 - 十六中 - 杨府殿 - 思芳路 - 杨府山码头 - 岠江中路 - 会展中心 - 岠江东路 - 聚英 - 鹿城公交 **(46站)**
全程: 24.5公里。该线路由鹿城公交始发：途经会展路 - 江滨东路 - 杨府山路 - 黎明路 - 车站大道 - 温迪路 - 春晖路 - 划龙桥路 - 车站大道 - 温州大道 - 过境公路 - 温金公路 - 山后路 - 鞋城经一路 - 戴宅路至温化总厂（往返）※鹿城公交始发，由原线路行驶至划龙桥路改经市府路、惠民路、锦江路、车站大道返原线行驶（往返）。

图 10-13

　　虽然提供地图在线查询功能的网站很多，不过从地图覆盖率、准确程度以及稳定性方面来看，百度地图具有较明显的优势。

　　百度地图网址：http://map.baidu.com/。

　　（1）启动 Internet Explorer，在浏览器地址栏中输入 http://map.baidu.com/后，按 Enter 键，打开百度地图。

　　（2）单击【选择城市】文字链接，在弹出的【选择城市】下拉框里选择需要查询公交的城市，比如"温州"，如图 10-14 所示。

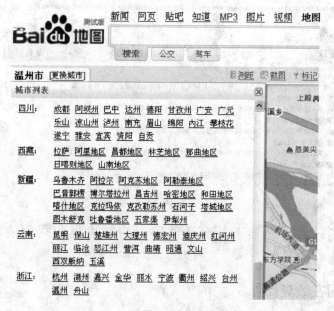

图 10-14

　　（3）如果不知道目的地在哪儿，可以通过地图的普通搜索功能快速找到，例如要查找"温州"的"五马街"的位置。先选择【搜索】选项卡,然后输入"五马街"最后单击【百度一下】按钮。页面就会显示"五马街"的地理位置。并在右侧显示搜索结果,如图 10-15 所示。

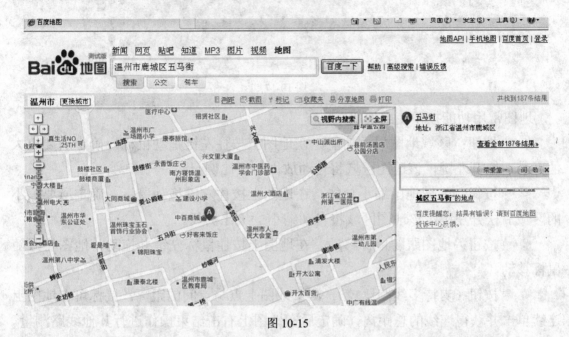

图 10-15

(4)找到"五马街"所在的位置后,如果想知道乘坐公交到达这里,可以单击地图上的"五马街"气泡,然后在弹出的对话框中输入起点(如"时代广场"),最后单击【公交】按钮,页面右侧就会显示乘车公交和地铁的方案,如图 10-16 所示。

图 10-16

(5)通过网络地图还可以查询指定点附近的银行、餐馆、ATM 柜员机、超市以及加油站等,例如要查询"五马街"附近有哪些 ATM,则单击"五马街"广场的气泡,在弹出的对话框中选择【在附近查找】选项卡,然后单击【ATM】键接文字,即可找到"五马街"广场附近的 ATM 柜员机,如图 10-17 所示。

图 10-17

地图常用功能按钮使用说明：

⊕放大 按钮：区域地图放大功能。在地图上按住左键拖动鼠标，确定所要放大的区域后松开左键，该地图区域将自动放大一级比例尺。

⊖缩小 按钮：区域地图缩小功能。在地图上按住左键拖动鼠标，确定所要缩小的区域后松开左键，该地图区域将自动缩小一级比例尺。

🖑拖动 按钮：地图跟随鼠标移动。在地图上按住鼠标左键并拖动，地图将跟随鼠标移动。

测距 按钮（支持多线路比较）：测量地图上点与点间的距离。鼠标可在地图上连续单击并获得连线的总距离，确定后在地图上右击结束操作进行其他线路测量。

测面 按钮（支持多区域比较）：测量地图区域面积。鼠标可在地图上连续单击并获得区域的总面积，确定后在地图上右击后结束操作进行其他区域测量。

⊞或▦ 按钮：地图放大、缩小功能。进行地图放大缩小操作，也可以单击鼠标左键在缩放等级拖动进行地图缩放，另外还可以通过单击"全国、省、城市、区/镇、街道"来快速切换到最佳地图显示视野。

←→↑↓ 按钮：移动地图。进行地图左、右、上、下移动。

⊞按钮：恢复地图初始状态。

10.3　网　上　炒　股

网上炒股是 Internet 提供的一项重要的服务。现在的股民不必奔波忙碌，更不必整天守在股票交易大厅里，只需坐在电脑前，在家里就可以及时了解到股市行情，而且还可以利用因特网进行股票交易，非常方便。下面以"证券之星"http://www.stockstar.com为例，介绍一下网上炒股的操作。

（1）在 IE 浏览器的地址栏内输入http://www.stockstar.com，按 Enter 键，进入"证券之星"的首页，如图 10-18 所示。

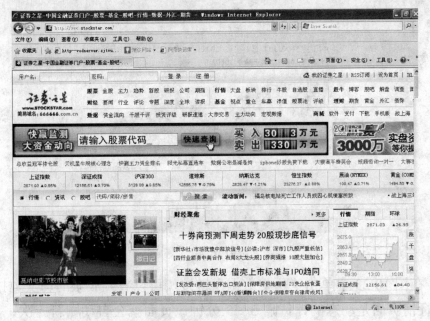

图 10-18

（2）输入股票代码/简称/拼音，然后单击"搜索"按钮。

（3）在证券行情页面中，通过图表、数字等多种形式列出了当天中国股市各股票交易所的交易情况，如图 10-19 所示。

图 10-19

（4）通过图表方式列出了该股的近期走势，还可以单击图表上方的"日 K 线"或"月 K 线"等选项卡，可以看到股票的 K 线分析图，查看一段时间内该股票的走势情况，如图 10-20 所示。

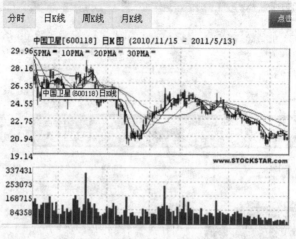

图 10-20

（5）在图 10-23 中单击"历史数据"链接，可以看到股票的历史数据。

股票行情页面是动态的，每隔 3～5 分钟该页面就会自动刷新一次，并根据最新的股市行情重新给出牌价和图表，确保在第一时间获得股票信息。

也可以在"证券之星"主页中单击"基金"，进入基金页主页，进行基金查询及资料查看。

10.4　网　上　购　物

随着互联网在中国的进一步普及应用，网上购物逐渐成为人们的消费行为之一，老年人朋友们现在完全可以坐在电脑前访问淘宝网、拍拍网等在线购物网站，足不出户即可随心所欲地选购所需商品了。

10.4.1　网上购物简介

网上购物是指通过网络检索商品信息，通过电子订购单发出购物请求，然后输入自己的卡号和密码，厂商通过邮购的方式发货，或是通过快递公司送货上门。

国内网上购物主要付款方式有款到发货（直接银行转账，在线汇款。例如瑞丽时尚商品批发网）、担保交易（淘宝支付宝、百度百付宝、腾讯财付通等的担保交易）和货到付款 3 种；目前主流的网购平台有淘宝网、百度购物网、拍拍网和当当网等。下面以目前最流行的淘宝网为例，介绍在网上购物的方法。

10.4.2　注册淘宝网账户

要在淘宝网上购买物品，首先需要注册淘宝用户，才能继续购买操作。

注册淘宝网账户的具体步骤如下：

（1）打开 IE 浏览器，在地址栏中输入网址 www.taobao.com，按 Enter 键，打开【淘宝网】页面。

（2）单击左上角的【免费注册】链接，如图 10-21 所示。

（3）选择【邮箱注册】，单击【点击进入】按钮，打开【新会员免费注册】页面，如图 10-22 所示。

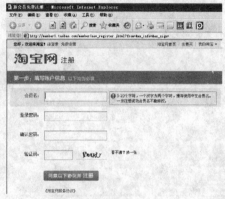

图 10-21   图 10-22

（4）输入相关的注册信息，单击【同意以下服务条款，提交注册信息】按钮。淘宝网会要求用户验证方式：你可以用手机验证或使用邮箱验证。如用填写你手机收到的短信代码验证，如图 10-23 所示。

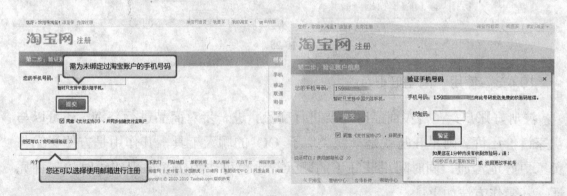

图 10-23

（5）淘宝网会发送一封激活邮件到注册邮箱中，登录你注册的邮箱，会打开邮箱登录页面。

（6）登录邮箱后，查看收件箱，打开淘宝网邮件，单击【确认】按钮，确认激活，打开淘宝网，显示成功注册信息，如图 10-24 所示。

（7）这里还要将支付宝激活，并补全信息，最后单击【确定】按钮，如图 10-25 所示。

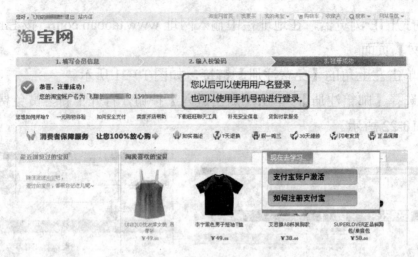

图 10-24

图 10-25

10.4.3　使用"阿里旺旺"

　　注册好账户,在购买商品时还要进行交流,进一步对商品进行咨询。还可以与卖家讨价还价。阿里旺旺就是一款类似于 QQ 的聊天工具,其作用是方便买家与卖家更好地沟通,同时阿里旺旺里的聊天记录也可作为买卖出现纠纷时的一种凭证。其操作方法如下:

　　(1)注册淘宝账号后,可以在淘宝网页直接登录账号,同时建议老年朋友到淘宝首页下载区,如图 10-26 所示。

　　(2)下载【阿里旺旺】,单击【阿里旺旺】进入到下载页面,选择【买家专用版】,如图 10-27 所示。

　　(3)单击【立即下载】,下载完毕后,进行常规安装即可。

　　安装完毕后,打开【阿里旺旺】进行登录,如图 10-28 所示。在会员名处,输入刚刚在淘宝网页注册的用户名，在密码处输入密码，单击【登录】按钮即可。
完成这步后就可以开始愉快的网购之旅了。

图 10-26　　　　　　　　　图 10-27　　　　　　　　　图 10-28

10.4.4　购买商品

找到自己心仪的商品并开始购买物品。具体步骤如下：

（1）登录淘宝网，在搜索栏中输入要购买的商品关键字，例如输入"POLO
正品短袖"，单击【搜索】按钮，打开搜索信息列表页面，如图 10-29 所示。

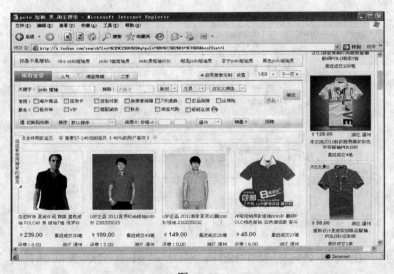

图 10-29

（2）可以在【所在地】下拉列表框中选择商品所属店铺的城市。

（3）单击选中的商品，打开该商品信息页面，可以拖动滚动条，浏览商品信息。

（4）确认无误后，可以单击【立刻购买】按钮进行购买。如对此商品还需做进一步了解，可通过阿里旺旺与卖家进行联系沟通，确认要购买时，可单击【立刻购买】按钮，打开购买信息页面，如图 10-30 所示。

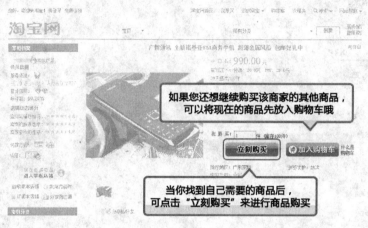

图 10-30

（5）输入收件人地址、收件人、购买数量、运送方式、校验码等相关信息后，单击【确认无误，购买】按钮，打开【支付宝】页面，如图 10-31 所示。

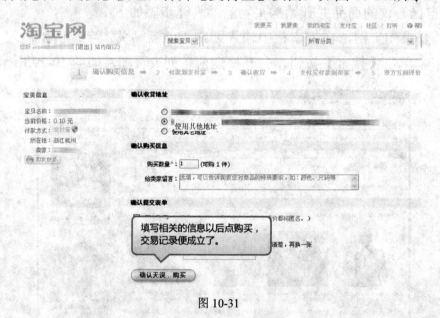

图 10-31

（6）显示正在检测支付宝安全控件，由于是第 1 次购买商品，未安装安全控件，可以单击浏览器选项卡下方的帮助信息，在弹出的快捷菜单中选择【运行 ActiveX 控件】命令，浏览器会自动下载并安装安全控件。

（7）安装 ActiveX 控件完成后，单击【网上银行付款】按钮，选择付款的银行（必须开通该银行网上银行业务），单击【确认无误，付款】按钮，打开网上银行付款页面。

（8）单击【去网上银行付款】按钮，打开网上银行付款系统页面，如图 10-32所示。

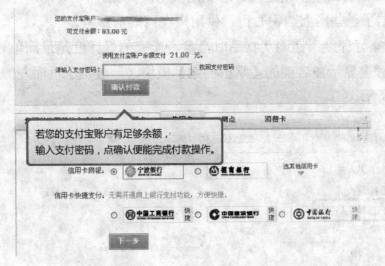

图 10-32

（9）选择银行卡类别，输入卡号、支付密码和附加码，确认输入无误后，单击【确定】按钮，即可付款。最后显示"付款成功"后，交易完成，如图 10-33所示。

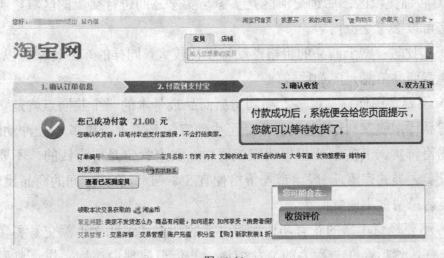

图 10-33

支付宝是阿里巴巴公司创办的专门解决网上安全支付问题的付款方式。支付宝安全控件是一个加密审查程序。对数据交换采取特殊的加密，然后检测木马程序，确认支付宝使用安全。在购买商品时，应尽量使用支付宝购买。

10.4.5　网上购物心得

网上购物有利有弊，弊端在于不能亲自检验商品质量是否过关，用户在网上购买物品时，要从实践中积累经验，避免购买劣质商品。

下面总结了一些网上购物心得，供用户在网购前参考。

（1）卖家好评度：在购买物品时，参考卖家的好评度是最简单、最直接的方法。卖家好评度显示在店铺的【掌柜档案】模块（一般位于页面左侧或右侧）中，如图 10-34 所示。

图 10-34

（2）店铺交流区：店铺交流区是买家与卖家之间进行交流的区域，类似于留言板，您可以参考交流内容。

（3）多比较：网上商品的价格浮动幅度比较大，同样的东西价格可以差很远，可以多检索商品信息，多加比较。

（4）不要贪图便宜：很多人买到劣质商品最基本的一个共同点就是贪便宜，当发觉商品特别便宜（比其他同类商品至少便宜 30%以上或更多），一冲动就购买，结果是物不符实。其实细心想想就应该明白，卖家肯定是要赚钱的，不要相信一些亏本甩卖之类的言语，一般比市场价格便宜 5%～15%价格区间的商品比较正常，但还是要切忌勿贪小便宜！

（5）不要轻信卖家的花言巧语：有些卖家会先通过几次小额交易买卖来取得买家的信任，然后会在一次大的交易中说一些借口或理由违规操作，典型的如先确认收货、线下汇款、网上银行转账等，即便以后知道上当，但却因为交易证据不足而投诉无门。

（6）按照正规途径买卖：记住任何交易都必须按照正常的官方途径来买卖，所有的违规行为都是没有任何保障的，都是需要买家去承担风险的，尽量使用支付宝购买商品。

（7）在进行网购时，应牢记买卖操作流程：任何时候对任何交易都必须严格按照交易流程去操作，不能有丝毫的错误和疏忽，正确的流程是先双方沟通咨询价格→谈好数量开单→买家付款→进行交易管理查询到账情况→回复买家→填写发货清单确认发货→上线交易给买家→交易的同时双方截图→请买家立即确认收货→双方评价。

10.5　网上寻医问药

求医问药是老年人朋友们经常会遇到的麻烦事，花钱费力不算，还不一定能有好的效果，其实这一难题可以利用网络来解决，完全可以享受免费在线医疗给您带来的贴心服务。

10.5.1　访问注册

好大夫在线是中国第一个专为患者提供就医参考信息的医疗网站，它创立于2006 年 8 月，致力于中立、公正地汇总网友就医经验，可以帮助患者作出正确的就医选择。

该网站汇集了全国各大重点医院的名医，对于您而言，可以利用该网站咨询病情。但首先要先进行注册，具体方法如下：

（1）启动 IE 浏览器，在地址栏中输入网址 www.haodf.com，按 Enter 键，打开【好大夫在线】首页，如图 10-35 所示。

图 10-35

（2）单击页面顶部位置的【免费注册】链接，打开【用户注册】页面，如图10-36 所示。

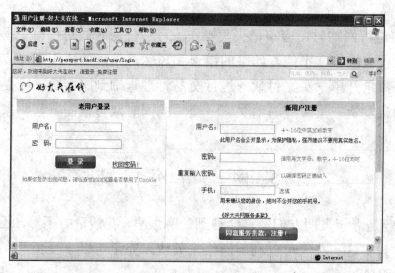

图 10-36

（3）在【用户注册】页面中，在新用户注册输入用户名、密码、手机等文本框中输入个人信息，然后输入校验码，最后单击【同意服务条款，注册!】按钮，如图 10-37 所示。

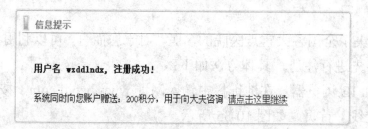

图 10-37

（4）此时弹出一个【信息提示】页面，在该页面中提示您注册成功，单击【请点击这里继续】文字链接即可以登录方式返回主页。

10.5.2　填写病情

以注册用户身份登录到好大夫在线网站后，就可以开始咨询了。首先，您需要就自己或者他人的情况填写一份资料单，写明要咨询的内容后，将其提交到网站中。

（1）登录好大夫在线之后，在首页上单击【我的咨询】按钮，再单击【我要提问】，如图 10-38 所示。

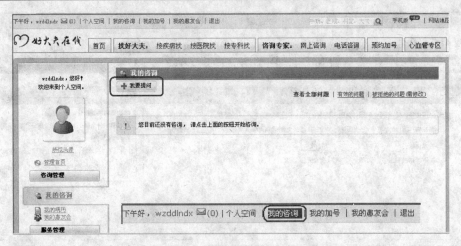

图 10-38

（2）在打开的【咨询提问】页面中，填写好第 1 部分中的咨询内容的标题、所患疾病、病情描述及曾经治疗的情况等内容。

（3）在下面的第 2 部分中，上传添加医院检查的报告单（可用拍下的数码照片），如果没有也可不添加。在第 3 部分【填写患者信息】选项区域中，填写患者姓名、出生日期、性别、所在省市、与患者的关系等信息，如图 10-39 所示。

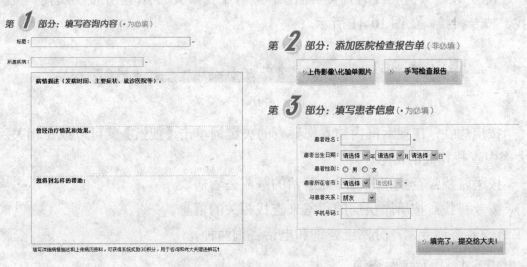

图 10-39

（4）单击【填完了，提交给大夫】按钮即可，系统会弹出【发表成功】的提示页面，如图 10-40 所示。在【咨询提问】页面中，【填写患者信息】选项区域中的个人信息是被保密的，除了医生之外的其他人无法看到，确保您的个人隐私不受侵犯。

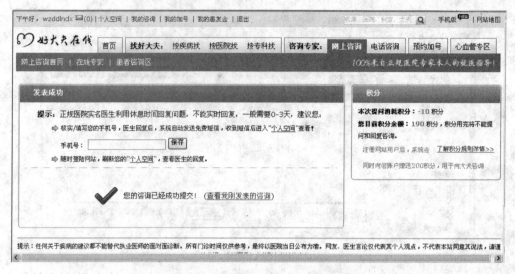

图 10-40

10.5.3　找好大夫

提交了咨询单之后，默认情况下任何符合问题分类的医生都可以回答您的问题。如果您需要指定名医专家进行回答，也可以指定专人回答咨询。

（1）在好大夫在线的首页页面中，就有【找好大夫】：可分按疾病找、按医院找、按专科找，如图 10-41 所示。

图 10-41

按疾病找：在搜索框内输入您要查的关键词单击【搜索】就可以或在相关疾病大类中查找相关的信息。

按医院找：查找相关的专业医治的医院去看病。

按专科找：按所属疾病的科室来查找相关的信息。

（2）咨询专家：分网上咨询和电话咨询两种。

10.5.4　指定名医咨询

提交了咨询单之后，默认情况下任何符合问题分类的医生都可以回答您的问题。如果您需要指定名医专家进行回答，也可以指定专人回答咨询。

（1）在好大夫在线的首页页面中，单击【找好大夫】下方的文字链接找到您满意的专家，在该页面中分【按疾病找大夫】和【按医院找大夫】，其链接列出了该分类的专家，您可以指定一位专家回答，如图 10-42 所示。单击该专家的名字，进入他的个人网站或直接单击【咨询 XXX 大夫】，在打开的页面填好资料即可等待回复，如图 10-43 所示。

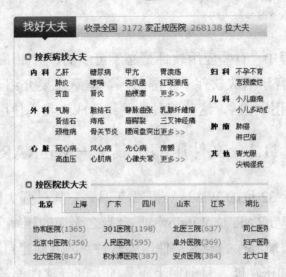

图 10-42

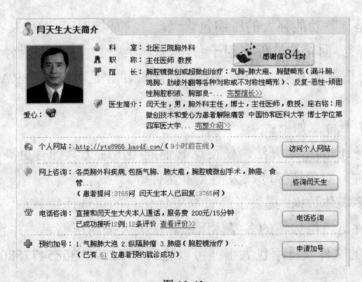

图 10-43

（2）如果医生对您的提问已经有了回答，打开您的个人空间或我的咨询，单击其中您发表咨询的文字链接就可以在该咨询页面中查看医生的回复。

（3）在页面下方的【发表回复】文本框中，还可以继续输入留言与医生进行交流，最后单击【提交】按钮即可。

第11章 工 具 软 件

在使用电脑过程中，有些应用软件是必不可少的，例如压缩软件 WinRAR、翻译软件金山词霸、音乐播放软件千千静听等。本章主要介绍了这些常用软件的使用方法。在掌握常用操作后，这些工具软件将会成为我们使用电脑的好帮手。

11.1 文件压缩工具——WinRAR

WinRAR 是一款 32 位的 Windows 压缩工具，它凭借强大的功能、良好的速度深受用户的青睐。WinRAR 是 Windows 平台当之无愧的压缩工具霸主。

WinRAR 是目前最流行的一款文件压缩软件，可以创建自释放文件，修复损坏的压缩文件，支持加密功能。目前网上下载的大部分软件都是使用 WinRAR 压缩过的文件。

WinRAR 是一款功能强大的压缩包管理器，它是档案工具 RAR 在 Windows 操作系统中的图形界面。该软件可用于备份数据，缩减电子邮件附件的大小，解压缩从 Internet 上下载的 RAR、ZIP2.0 及其他文件，并且可以新建 RAR 及 ZIP 格式的文件。

WinRAR 主要特点如下：

（1）采用独创的压缩算法，使得比其他同类压缩工具拥有更高的压缩率，尤其是可执行文件、对象链接库、大型文本文件等。

（2）针对多媒体数据：提供了经过高度优化后的可选压缩算法，对 WAV、BMP 声音及图像文件可以用独特的多媒体压缩算法大大提高压缩率，并且是无损压缩。

（3）支持的文件及压缩包大小：可以达到 9223372036854775807 字节，约合 9000PB。

（4）压缩格式繁多：完全支持 RAR 及 ZIP 压缩包，并且可以解压缩 CAB、ARJ、LZH、TAR、GZ、ACE、UUE、BZ2、JAR、ISO、Z、7Z 格式的压缩包。

（5）支持 NTFS 文件安全及数据流。

（6）提供了创建固实压缩包的功能，与常规压缩方式相比，压缩率提高了 10%～50%，尤其是在压缩许多小文件时更为显著。

（7）具备使用默认及外部自解压模块来创建并更改自解压压缩包的能力。

（8）具备创建多卷自解压压缩包的能力。

（9）能建立多种方式的全中文界面的全功能(带密码)多卷自解包。

（10）能很好地修复受损的压缩文件：在网上下载的 ZIP、RAR 类的文件往往因头部受损的问题导致不能打开，而用 WinRAR 调入后，只需单击界面中的【修复】按钮就可轻松修复。

（11）辅助功能设计细致：可以在压缩窗口的【备份】标签中设置压缩前删除目标盘文件；可在压缩前单击【估计】按钮对压缩先评估一下；可以为压缩包加注释；可以设置压缩包的防受损功能。

（12）可防止人为添加、删除等操作，保持压缩包的原始状态。

11.1.1　压缩文件

有些文件虽然容量不大，但是数量庞大，不利于数据的传输与交换，这时将这些文件压缩一下，打包成一个文件，使用起来就相对容易得多了。

使用 WinRAR 进行压缩和解压缩操作，一般习惯用关联右键快捷菜单来完成。比如要对某个非压缩文件夹 images 文件夹进行压缩。

（1）打开要压缩的文件或文件夹，用鼠标将这些文件全部选中，并右击，这时会弹出一个菜单，在上面可以看到【添加到压缩文件】、【添加到 images.rar】、【压缩并 E-mail】、【压缩到 images.rar 并 E-mail】四个命令，如图 11-1 所示。

（2）在弹出的菜单中选择 "添加到压缩文件"，可以对文件名、文件格式、压缩方式等进行设置，比如 images.rar；在 "压缩方式" 选项，默认为 "标准"，要提高压缩速度选择 "最快"，要提高压缩质量选择 "最好"。设置完成单击【确定】按钮开始压缩，如图 11-2 所示。

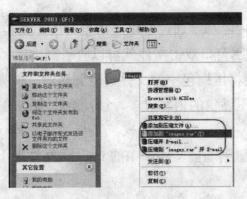

图 11-1

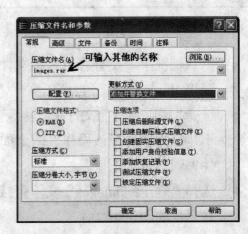

图 11-2

如果要将文件添加到已经创建的压缩包中，可以直接将文件拖到已经创建的压缩包文件的图标上即可自动添加。

11.1.2　解压缩文件

在网站上下载的文件或是别人传来的资料，通常都是以压缩包的形式存在，这时，就需要对其解压缩后才能使用其中的文件。

解压缩就是将压缩后的文件恢复到原来的样子，具体的操作方法也很简单。这里就以前面压缩的比如上面提到的 images.rar 为例，讲解怎么将其解压缩。

（1）在该文件图标上右击，那么会弹出一个包括有"打开"、"解压文件"、"解压到当前文件夹"以及"解压到 images"四个命令的快捷菜单，如图 11-3 所示。

（2）弹出"解压路径和选项"对话框，在该对话框中，可以对保存路径、更新方式、覆盖方式等进行设置，相应设置完成后单击【确定】按钮。稍等片刻后，就解压好了文件，如图 11-4 所示。

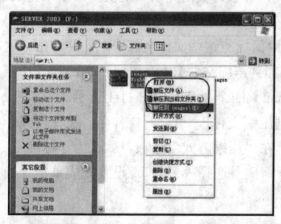

图 11-3

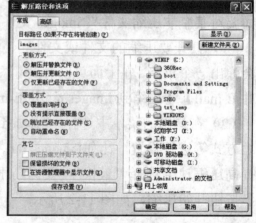

图 11-4

◆ 默认情况下，要查看自解压文件的内容都是通过解压之后查看的，其实只要用 WinRAR 打开自解压文件，在主窗口双击文件就可以查看到内容。

◆ 选择"解压到当前文件夹"表示直接将压缩包中的文件解压到当前文件夹，不建议大家选择该操作，因为如果压缩包的内容过多，往往会给当前的文件夹管理带来不便。

◆ 选择"解压到 images"表示直接解压到当前文件夹中的 images 文件夹下，并会自动创建该文件夹。

11.1.3 给文件加密码

WinRAR 除了用来压缩或解压缩文件外，还可以当做加密软件来使用。为了保证文件的安全性，对于一些重要的文件，还可以为其添加密码。当没有输入正确密码时，不能访问压缩包中的内容及解压缩该文件。

（1）选择要压缩的文件，然后右击，在弹出的菜单中选择【添加到压缩文件】。

（2）弹出【压缩文件名和参数】对话框，单击【高级】切换到【高级】选项卡，最后单击【设置密码】按钮，如图 11-5 所示。

（3）在弹出的【带密码压缩】对话框中输入密码，最后单击【确定】按钮，如图 11-6 所示。

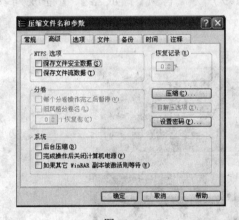

图 11-5

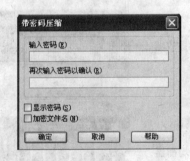

图 11-6

（4）返回【压缩文件名和参数】对话框，单击【确定】按钮开始压缩文件。

（5）这时可以看到文件正在压缩，稍等片刻，文件的加密就完成了，如图 11-7 所示。

最后可以测试一下，按照前面的方法解压缩该加密文件时，会弹出【输入密码】对话框，当输入密码不对时，该压缩包将不能被解压缩，如图 11-8 所示。

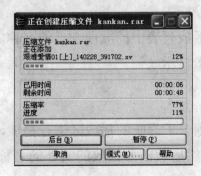

图 11-7

图 11-8

11.2　音频播放软件——千千静听

千千静听是一款目前比较流行的音乐播放软件，它集播放、音效、转换、歌词等众多功能于一体，并且具有小巧精致、操作简捷、功能强大的特点，深受广大电脑用户的喜爱。

11.2.1　认识千千静听

启动千千静听播放器，它由【播放器】、【播放列表】、【均衡器】和【歌词秀】4 个窗口组成。可以随意调整这 4 个窗口的位置，也可以关闭其中的一个或几个窗口，使播放器界面变得更加简洁小巧,如图 11-9 所示。有关【播放器】、【播放列表】、【均衡器】和【歌词秀】窗口的功能如下。

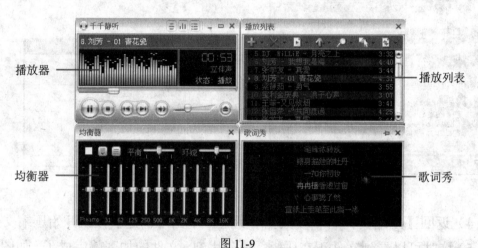

图 11-9

【播放器】窗口：用于播放音频文件，在播放界面的下方有控制音乐播放的几个按钮，其作用等同于平时使用的随身听或是 DVD 上相应的按钮。

【均衡器】窗口：可以设置【平衡】、【环绕】等滑块来调节声音播放的具体参数。

【播放列表】窗口：显示了添加到播放器播放列表中的歌曲文件的名称。

【歌词秀】窗口：在播放歌曲时，可以同步显示歌词。

11.2.2　播放音乐

千千静听播放音乐文件可以拖动音乐文件到千千静听的播放区进行播放，也可以将音乐文件添加到千千静听的播放列表中，然后双击要播放的文件的名称，进行播放。具体方法如下：

（1）启动千千静听，打开音乐文件所在的文件夹。

（2）拖动所需播放的音乐文件到【播放列表】窗口中，即可播放该音乐文件，如图 11-10 所示。

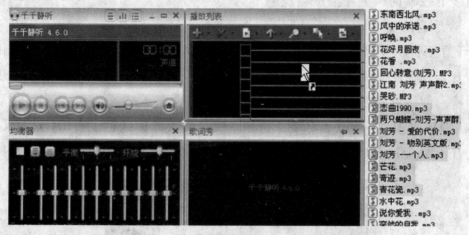

图 11-10

（3）单击【播放列表】窗口中的【添加】按钮，在弹出的下拉菜单中选择【文件】命令，打开【打开】对话框。

（4）选择要打开的音乐文件，单击【打开】按钮，添加到【播放列表】窗口中，即可播放该音乐文件，如图 11-11 所示。

（5）单击【播放列表】窗口中的【添加】按钮，在弹出的下拉菜单中选择【文件夹】命令，打开【浏览文件夹】对话框。选择音乐文件所在的文件夹，单击【确定】按钮，如图 11-12 所示。

图 11-11

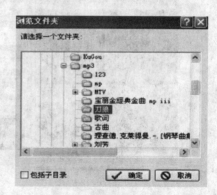

图 11-12

（6）此时，可以将该文件夹中所有音乐文件添加到【播放列表】窗口中，在列表中双击音乐文件即可播放该文件。

11.2.3　千千静听常用操作

使用千千静听播放音乐文件时，有许多比较实用的操作，例如播放完后自动关机、在线下载歌词、更换播放器皮肤等。

1. 音乐窗功能

千千静听提供了音乐窗功能，在音乐窗中显示了收听率比较高的音乐，用户可以单击音乐窗中的试听按钮，不用下载即可试听音乐。此外，音乐窗还提供了多个排行榜，便于用户了解时下较受欢迎的曲目。

单击播放器窗口中的【音乐窗】按钮，或在播放器标题栏上右击，选择【查看】下的【音乐窗口】，即可打开【音乐窗】窗口，如图 11-13、图 11-14 所示。

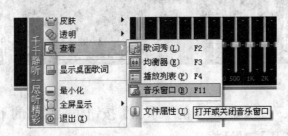

图 11-13

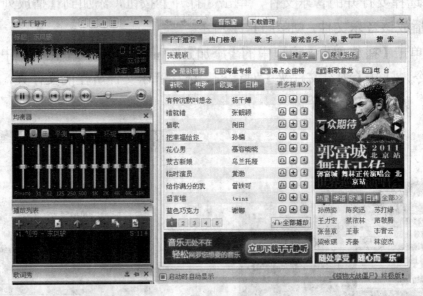

图 11-14

2. 在线搜索歌词

如果当前收听的歌曲没有歌词显示，可以在线搜索并下载歌词。方法如下：

（1）启动千千静听，双击不含有歌词的歌曲，播放该歌曲。

（2）右击【歌词秀】窗口空白区域，在弹出的快捷菜单中选择【在线搜索】命令，打开【在线搜索并下载歌词】对话框，如图 11-15 所示。

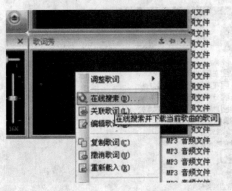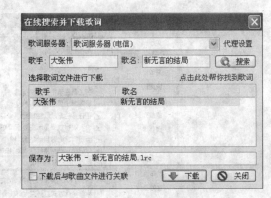

图 11-15

（3）在【歌词服务器】下拉列表框中选择下载歌词服务器，确认【歌手】和【歌名】文本框中输入的歌曲信息是否正确，单击【搜索】按钮，即可搜索歌词，然后单击【下载】按钮，即可下载歌词。

3．定时关机

定时关机功能是非常实用的功能，如果想在睡觉前听一些轻松的歌曲帮助睡眠，但又不想入睡后电脑还处于开机状态，可以使用千千静听的定时关机功能轻松解决这个问题。方法如下：

（1）启动千千静听，右击播放器窗口标题栏，在弹出的快捷菜单中选择【千千选项】命令，打开【千千静听-选项】对话框，如图 11-16 所示。

图 11-16

（2）单击【常规】选项卡，打开该选项卡对话框，选中【自动关闭计算机】复选框，在右侧的微调框中设置自动关机时间为 30 分钟。

（3）单击【全部保存】按钮，完成设置，电脑会在 30 分钟内自动关机，如图 11-17 所示。

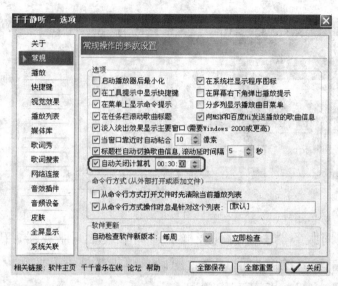

图 11-17

4. 更换皮肤

一成不变的界面看得时间长了，不免会使人感到疲倦和没有新鲜感，千千静听支持皮肤更换功能。

右击播放器窗口标题栏，打开【千千静听-选项】对话框，单击【皮肤】选项卡，打开该选项卡对话框，在【请选择程序皮肤】列表框中显示了当前千千静听安装的皮肤，选择某个皮肤，在【皮肤预览】列表框中可以预览该皮肤，单击【应用】按钮，然后单击【全部保存】按钮，即可更换该皮肤，如图 11-18 所示。

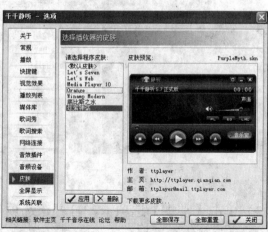

图 11-18

如果用户需要有更多千千静听的皮肤可以替换，还可以去千千静听官方网站上下载，下载的皮肤是一个安装文件，将皮肤安装到千千静听所在的文件夹中，重新启动千千静听，即可选择安装的皮肤。

5．选择播放模式

在使用千千静听时，还可以很方便地选择音乐播放模式。

右击播放器窗口标题栏，在弹出的快捷菜单中选择【播放模式】命令，在弹出的子菜单中可以选择播放模式，例如【单曲播放】、【单曲循环】、【顺序播放】等模式，如图 11-19 所示。

另外，千千静听还有许多其他功能，例如可以设置视觉效果、切换到迷你模式、设置播放控制、显示桌面歌词等，如图 11-20 所示，关于这些功能，用户可以右击播放器标题栏，在弹出的快捷菜单中选择相应的命令进行设置。

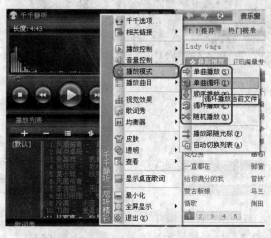

图 11-19

图 11-20

11.3　视频播放软件——暴风影音

在电脑上看视频，可以使用系统自带的 Windows Media Player，但是它功能比较单一，很多格式并不支持。这里笔者为大家介绍一个视频播放的多面手——暴风影音。它不但支持目前所有格式的视频文件，并对外挂字幕等插件支持良好。

11.3.1　认识播放界面

暴风影音的安装比较简单，如果没有什么特别的要求，只需按照默认设置，直接单击"下一步"按钮完成安装。安装完成后会在桌面上生成一个快捷方式。

（1）打开程序：双击桌面上的【暴风影音】快捷图标，
如图 11-21 所示，即可打开播放程序。

（2）播放界面组成：暴风影音的播放界面比较简单，由
菜单栏、视频窗口、控制栏三部分组成，如图 11-22 所示。

图 11-21

图 11-22

11.3.2　用暴风影音看视频

用暴风影音看视频有两种简单的方法：一种是直接通过视频文件打开，另一种
是通过程序打开。

（1）直接点击视频播放文件：直接双击或右击要播放的视频文件，在弹出的
菜单中依次单击【打开方式】→【暴风影音】。这时，该视频文件就被暴风影音打
开了，如图 11-23 所示。

图 11-23

（2）打开文件位置：单击菜单栏上的【文件】，在下拉菜单中选择【打开文件】，在弹出的【打开】对话框中选择要打开的视频文件，最后单击【确定】按钮即可播放，如图 11-24 所示。

图 11-24

11.4　翻译软件——金山词霸

在学习或使用电脑时，您可能会经常遇到不懂的英文单词，不用查字典，完全可以使用翻译软件来进行翻译。金山词霸是目前最流行的翻译软件之一，该软件可以实现中英文互译、单词发声、屏幕取词、定时更新词库以及生词库提供辅助学习等功能，是一款非常实用的软件，如图 11-25 所示。

11.4.1　中英文互译

安装金山词霸软件后，双击启动软件，可以输入中文单词进行英文翻译，也可以输入英文单词进行中文解释。

（1）启动金山词霸后，单击主界面上的【翻译】选项卡，打开该选项卡窗口。

（2）在上面的文本框中输入词语"欢迎"，设置为【中文（简体）】到【英语】，单击【翻译】按钮，即可进行英文翻译，如图 11-26 所示。

（3）可以继续在上面的文本框中输入短语"使用金山词霸"，单击【翻译】按钮，可以翻译短语。

（4）可以重复操作，输入其他内容，进行英文翻译操作。

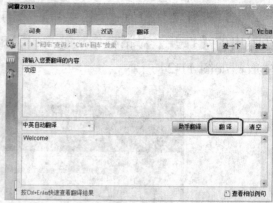

图 11-25　　　　　　　　　　　　　图 11-26

（5）如果要翻译多个词语，可以使用逗号(，)分隔词语，例如输入"光驱，硬盘，显示器，键盘，鼠标，内存，中央处理器"，然后单击【翻译】按钮，即可翻译多个词语。

（6）单击【清空】按钮之后，可以清空内容。

（7）在上面的文本框中输入英文内容，设置为【英语】到【中文(简体)】，单击【翻译】按钮，可以进行中文解释。

11.4.2　查询单词

中英文互译是使用金山词霸最常用的操作之一，而查询单词，可以显示该单词的一些详细解释，如果您在学习英语，不妨使用金山词霸的词典进行学习。其方法如下：

（1）单击主界面上的【词典】选项卡，打开该选项卡窗口。

（2）在查询栏中输入单词"电脑"，金山词霸会自动显示有关电脑的词语，按 Enter 键，即可显示有关【电脑】的英文翻译，如图 11-27 所示。

（3）单击英文翻译链接，如图 11-28 所示。

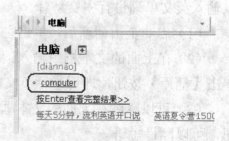

图 11-27　　　　　　　　　　　　　图 11-28

（4）打开有关【电脑】英语翻译的一些详细内容和拓展内容，可以拖动滚动条进行学习。

11.4.3　屏幕取词

屏幕取词功能是指将鼠标光标指向屏幕中任何中、英字词时，金山词霸会出现浮动的取词条，用户可以方便地看到单词的音标、注释等相关内容。

（1）启动金山词霸后，默认情况下已经开启了屏幕取词功能。

（2）将光标移至屏幕上的任意"英语单词"位置，稍稍停留，金山词霸会自动搜索该位置是否含有词典中的单词，如果有则显示取词窗口，显示该单词的相关说明内容，如图 11-29 所示。

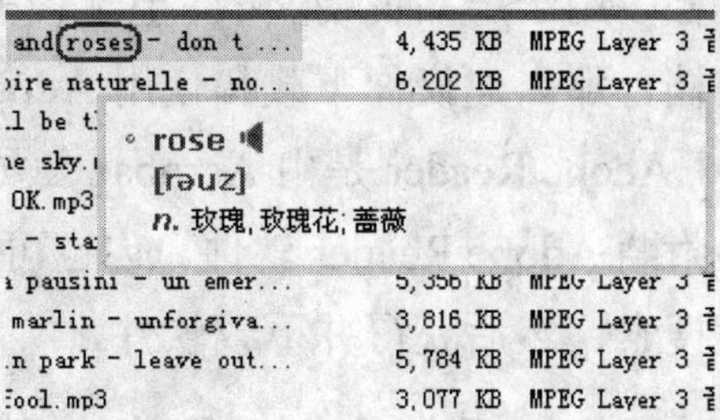

（3）金山词霸的屏幕取词功能，也可根据自己的喜好来进行设置，单击主界面右侧列表框中的【软件设置】链接，打开【软件设置】对话框。

图 11-29

（4）选择【屏幕取词】选项卡，打开该选项卡对话框。

（5）在【基本设置】选项区域中可以设置取词模式、取词延时和窗口宽幅；在【控制选项】选项区域中可以设置屏幕取词功能相关的启动选项。

（6）单击【更多选项】按钮，打开【高级设置】对话框，可以设置取词窗口的显示内容。设置完成，单击【确定】按钮，即可保存设置，如图 11-30 所示。

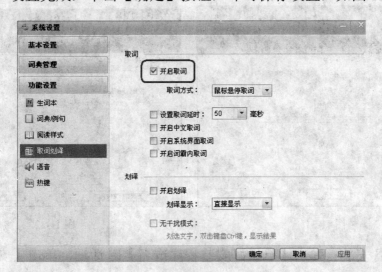

图 11-30

（7）此时，光标所指向的文字，将会根据设置自动翻译。

11.5　文件阅读工具——Adobe Reader

由 Adobe Reader 公司推出的 PDF 格式是一种应用广泛的电子文档格式，PDF 格式的文档能如实保留排版格式的面貌和内容，以及字体和图像，这类文档可以通过电子邮件发送，也可将它们存储在 CD-ROM 上或者发到网络上，所以，PDF 文档多用于产品说明文档、电子图书以及各种形式的出版物。如果你经常阅读 PDF 文档，那么建议你下载和使用 Adobe Reader。

Adobe Reader 是由 Acrobat 公司推的免费软件，在很多的电子商品中的光盘都会附赠 Adobe Reader 软件。你也可以通过网络搜索引擎以 Adobe Reader 关键字进行搜索，然后获得并下载软件。

11.5.1　安装 Adobe Reader 软件

在使用 Adobe Reader 之前首先要进行安装，安装 Adobe Reader 具体步骤如下：

（1）安装程序：找到 Adobe Reader 安装程序，双击 Adobe Reader 图标进行安装。

（2）进行配置：弹出【操作系统和硬件配置】对话框，并显示处理进度条，如图 11-31 所示。

（3）选择安装文件夹路径：在打开的对话框中单击【更改目录文件夹】按钮，选择安装文件夹，单击【下一步】按钮，如图 11-32 所示。

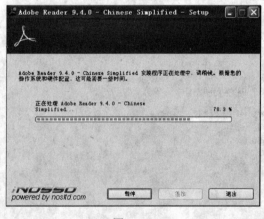

图 11-31

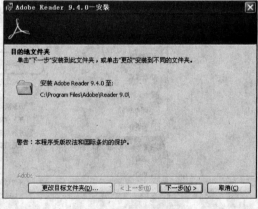

图 11-32

（4）准备安装：弹出【已做好安装程序准备】对话框，单击【安装】按钮，如图 11-33 所示。

（5）安装软件：弹出【正在安装 Adobe Reader】对话框，并显示安装进度条，如图 11-34 所示。

（6）安装完成：【安装完成】对话框，单击【完成】按钮。

11.5.2 使用 Adobe Reader 阅读 PDF 文档

PDF 文件的英文全称是 Portable Document Format，译为可移植文档格式，它是一种文件格式。这种文件格式与操作体系无关，也就是说 PDF 这种是在什么系统上都通用，这一性质使它成为在 Internet 上进行电子文档发行和数字化信息传播的理想文档格式，越来越多的电子图书、产品说明、公司广告，网络资等开始使用 PDF 格式文件。

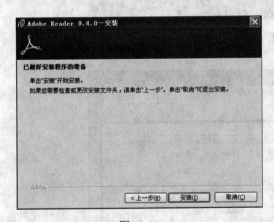

图 11-33

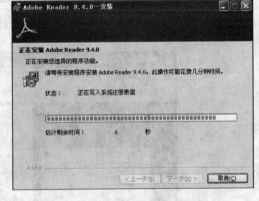

图 11-34

安装 Adobe Reader 后，就可以查看 PDF 文档了，具体操作步骤如下：

（1）启动 Adobe Reader：双击桌面上的 Adobe Reader 快捷方式图标，打开 Adobe Reader 软件。

（2）调整位置：在 Adobe Reader 窗口中单击【文件】→【打开】命令，如图 11-35 所示。

（3）选择文件：弹出【打开】对话框，选择要打开的文件，单击【打开】按钮。

（4）阅读 PDF 文件：此时即可在 PDF 软件中阅读打开的文件。

（5）页面跳转：在【导览面板】中单击【页面】按钮，打开缩略图图像界面，使缩略图可跳转到指定页面，如图 11-36 所示。

（6）页面滚动：在窗口中单击【视图】→【首页滚动】命令。

（7）自动滚动：些时页面开始自动滚动。

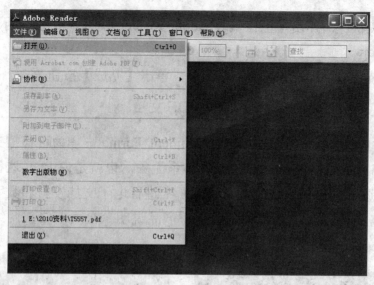

图 11-35

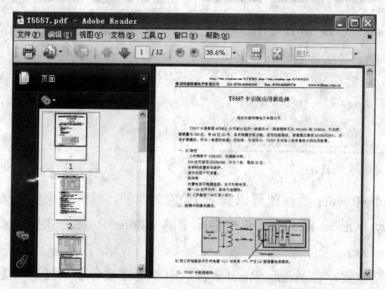

图 11-36

（8）全屏模式：在窗口中单击【窗口】→【全屏模式】即可全屏阅读文件。大家可根据自己的习惯来进行相应的设置，方便自己阅读。

11.6 下载工具——迅雷

随着 Internet 的飞速发展，网络资源越来越丰富，人们开始习惯从网上获取各种所需要的资料和软件，目前使用下载工具可以提高网络资源的下载速度。但用浏览器下载软件的速度较慢，仅适合于一些短小的小文件。在下载的过程中如果由于网络某种原因造成连接中断，已经下载的部分文件将会丢失，这就为用户的下载工作造成极大的不便。因此，必须一鼓作气完成下载，为此，人们开发出了一些专门用于下载的软件程序，这些程序不但下载速度相对较快，而且大多支持断点续传功能，这样当因为某种原因造成下载工作不得不暂停或停止时，不但不会丢失已经下载的内容，而且在网络连接恢复时，还可以在上次中断处接着下载。

　　常用的下载软件中有网际快车、网络蚂蚁、BT、迅雷。下面就以迅雷软件来介绍一下如何下载网络资源。

11.6.1　安装迅雷

　　迅雷作为新一代基于 P2SP 技术的下载软件，以下载速度比普通下载软件快 5～6 倍，深受广大"下载迷"的喜爱。通过它可使用户更加方便、快捷地从网上获取文档、图片，应用程序多媒体文件等多种资源。安装迅雷的具体步骤如下：

　　（1）安装程序：找到迅雷安装程序，双击进行安装。

　　（2）【安装向导】对话框：显示欢迎使用迅雷软件界面，单击【接受】按钮。

　　（3）【选择安装目录】对话框：当显示【选择安装目录】对话框时，单击【浏览】按钮，可以选择改变默认的安装文件夹，在下方方框上勾选需要的安装选项。单击【下一步】按钮，如图 11-37 所示。

　　（4）【正在安装】对话框：显示出【正在安装】对话框，并显示安装进度。

　　（5）【完成安装】对话框：显示出安装对话框，根据自己喜好勾选中间的选项，单击【完成】按钮，如图 11-38 所示。

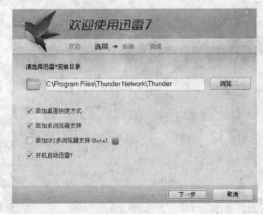

图 11-37

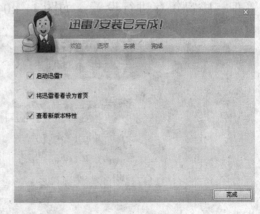

图 11-38

　　（6）【设置向导】对话框：运行迅雷，第一次使用，迅雷会弹出【设置向导】窗口，依次点选存储目录路径、热门皮肤、默认打开的应用，最后单击【完成】按钮，即完成了设置。也可以先不设置，以后在【工具】→【配置】选项中，慢慢进行设置，如图 11-39 所示。

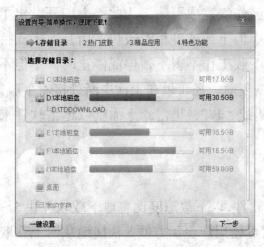

图 11-39

11.6.2 设置迅雷

成功安装迅雷后，即可进行下载，但有时候用户需要根据自己的需要对迅雷进行相应设置，设置迅雷具体方法如下：

（1）启动迅雷，在桌面上双击【迅雷】快捷方式图标，启动迅雷软件。

（2）选择【配置】选项：单击【工具】按钮，在弹出的下拉列表中选择【配置】选项。

（3）常用设置：选择【常用设置】选项，在对话框右侧可以对起动设置、任务管理、磁盘缓存进行设置，如图 11-40 所示。

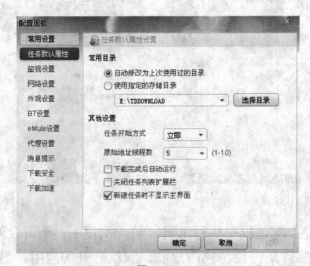

图 11-40

（4）设置任务默认属性，【选择默认属性】选项，在对话框右侧要对常用目录任务开始方式以原始地址线程进行设置。

（5）监视设置：选择【监视设置】选项，在对话框右侧可以分别对监视对象和监视下载类型进行相关的设置，如图 11-41 所示。

（6）网络设置：选择【网络设置】选项，在对话框右侧可以对下载模式、连接管理以及系统半开连接数优化进行设置，如图 11-42 所示。

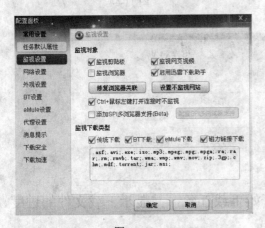

图 11-41

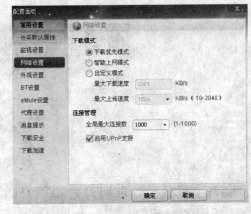

图 11-42

一般情况下，默认的设置都能让软件正常使用。对于不了解的设置，尽量不要随便对其进行改变，以免引起软件异常，或下载出错等。如果想对其进行设置，可以先上网查询或向老师咨询了解后再进行操作。

11.6.3 使用迅雷下载

对迅雷进行基本的设置后，下面就来介绍一下如何使用迅雷软件，进行文件下载的方法。

（1）搜索资源：启动迅雷软件，在软件界面右上角的搜索栏中输入搜索的内容，例如输入"这里的黎明静悄悄"关键字，单击【搜索】按钮或按 Enter 键，如图 11-43 所示。

（2）选择文件：稍后即可打开搜索结果页面，选择要下载的文件，单击名称下的链接，进入下载页面。

（3）下载资源：在下载页面中，单击【迅雷下载】链接，如图 11-44 所示。

（4）建立下载任务：在打开的对话框中，单击【浏览】按钮 ，可以选择存储目录路径，单击【立即下载】按钮就可立即进行下载了，如图 11-45 所示。

图 11-43

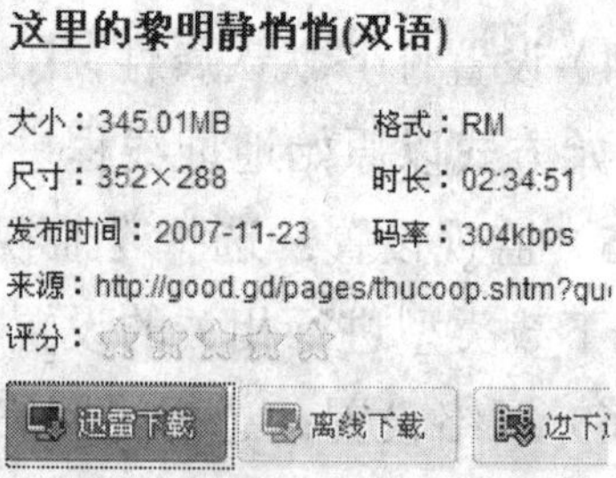

这里的黎明静悄悄(双语)

大小:345.01MB	格式:RM
尺寸:352×288	时长:02:34:51
发布时间:2007-11-23	码率:304kbps

来源:http://good.gd/pages/thucoop.shtm?qu

评分:☆☆☆☆☆

迅雷下载　　离线下载　　边下

图 11-44

图 11-45

（5）下载任务：此时打开迅雷界面开始下载任务，并显示下载文件的进度、速度，所用的时间等信息，如图 11-46 所示。

图 11-46

（6）完成下载：下载完毕后，迅雷会在屏幕右下角弹出提示，告知文件下载完成，如图 11-47 所示。这时可在下载目录内找到刚才下载的文件，双击就可以使用了。

图 11-47

第 12 章　电脑安全维护

12.1　创造良好的电脑环境

要想使电脑保持健康，首先应给电脑一个良好的使用环境，例如应保持良好的温度和湿度，远离高压和磁场的干扰等。

（1）环境温度：电脑正常运行的理想环境温度是 5～35℃，其安放位置最好远离热源并避免阳光直射。

（2）环境湿度：最适宜的湿度是 30%～80%，湿度太高可能会使电脑受潮而引起内部短路，烧毁硬件，湿度太低则容易产生静电。

（3）清洁的环境：电脑要放在一个比较清洁环境中，以免大量的灰尘进入电脑而引起故障。

（4）远离磁场干扰：强磁场会对电脑的性能产生很坏的影响，例如导致硬盘数据丢失、显示器产生花斑和抖动等。强磁场干扰主要来自一些大功率电器和音响设备等，因此电脑要尽量远离这些设备。

（5）电源电压：电脑的正常运行需要一个稳定的电压，如果家里电压不够稳定，一定要使用带有保险丝的插座，或者为电脑配置一个 UPS 电源。

电脑是比较"娇贵"的电器设备，需要精心呵护来延长它的使用寿命。对电脑的日常维护首先应从硬件做起，以延长电脑的使用寿命。对电脑的保护主要体现在硬盘、光盘、键盘、鼠标、显示器和主机等的日常使用和维护上。

12.1.1　硬盘与光驱的保护

硬盘是电脑中存放数据的地方，一定要保证它的正确使用。对硬盘和光驱的使用要注意以下三点：

（1）硬盘工作指示灯未熄灭时不能关机：硬盘工作指示灯亮时，说明硬盘正在进行读写操作，如果突然断电或不正常关机将对盘片造成不可修复的损伤。正确的做法是待硬盘工作指示灯熄灭后再关机。

（2）光驱读盘时不能从驱动器中取盘：光驱工作指示灯亮着表示正在对光盘进行读写操作，此时如果从光驱中取盘，很容易损伤盘面。

（3）光盘不宜长时间放置在光驱中：使用完光盘后，应及时将光盘从光驱中取出。不然的话，系统每次开机时都会去读取光盘的内容，不仅会增加开机时间，而且还容易吸附灰尘。

12.1.2　键盘和鼠标的正确使用

键盘和鼠标是重要的输入设备，在使用过程中应注意以下两点：

（1）不要用力敲击键盘和鼠标：如果在敲击键盘或按压鼠标键时过分用力，会加速其各部件的老化，使键盘的弹性降低，或使鼠标按键失灵，严重时会造成键盘和鼠标不能使用。

（2）防止异物掉入键盘：如果有异物掉进键盘，将会影响其正常使用，甚至有的按键会失灵。特别要注意，若在开机状态下，把茶水或饮料等液体洒到键盘中，可能导致键盘报废。

12.1.3　显示器的正确使用

目前 LCD 显示器已成为家庭电脑的标配，对显示器的维护和保养应注意以下几个方面。

（1）避免屏幕内部烧坏：如果长时间不用，一定要关闭显示器，或者降低显示器的亮度，否则时间长了，就会导致内部部件烧坏或者老化。这种损坏一旦发生就是永久性的无法挽回。

（2）注意防潮：LCD 显示器应注意防潮，长时间不用的显示器，可以定期通电工作一段时间，让显示器工作时产生的热量将机内的潮气蒸发掉。另外，不要让任何具有湿气性质的东西进入 LCD 显示器。发现有雾气，要用软布将其轻轻地擦去，然后才能打开电源。

（3）正确清洁显示器屏幕：如果发现显示屏表面有污迹，可用沾有少许水的软布轻轻地将其擦去，不要将水直接洒到显示屏表面上，水分进入 LCD 显示器将导致屏幕短路。

（4）避免冲击屏幕：LCD 屏幕十分脆弱，所以要避免强烈的冲击和振动，LCD 显示器中含有很多玻璃的和灵敏的电气元件，掉落到地板上或者遭遇其他类似的强烈打击会导致 LCD 屏幕以及其他一些单元的损坏。还要注意不要对 LCD 显示器表面施加压力。

（5）切勿拆卸：一般用户尽量不要拆卸 LCD。即使在关闭了很长时间以后，背景照明组件中的 CFL 换流器依旧可能带有大约 1000V 的高压，这种高压能够导致严重的人身伤害。所以永远也不要企图拆卸 LCD 显示屏，以免遭遇高压。

12.1.4　光驱的正确使用

光驱是电脑中的读写设备，对光驱的维护和保养应注意以下几个方面。

（1）光驱的主要作用是读取光盘，因此要提高光驱的寿命，首先需要注意的是光盘的选择。尽量不要使用盗版或质量差的光盘，如果盘片质量差，激光头就需要多次重复读取数据，从而使其工作时间加长，加快激光头的磨损，进而缩短光驱的寿命。

（2）光驱在使用的过程中应保持水平放置，不能倾斜。用户在使用完光驱后应立即关闭仓门，防止灰尘进入。

（3）关闭光驱时应使用光驱前面板上的开关盒按键，切不可用手直接将其推入盘盒，以免损坏光驱的传动齿轮。

（4）放置光盘的时候，请勿用手捏住光盘的反光面送移动光盘，指纹有时会导致光驱的读写发生错误。

（5）光盘不用时将其从光驱中取出，不要让光驱无谓地空转，这样会导致光驱负荷很重，缩短使用寿命。

（6）尽量不要用光驱播放 VCD 碟，这样会大大加速激光头的老化，可将碟片内容复制到硬盘上再播放。

12.2　磁　盘　维　护

电脑系统在运行的过程中，要不停地对磁盘进行读写操作，从而产生大量的碎片、垃圾文件和临时文件，如不及时清理，则不仅会占用越来越多的磁盘空间，还会严重影响电脑的运行速度。因此，老年朋友应该经常对磁盘进行维护和整理，从而保证电脑系统的正常运行。

12.2.1　检查磁盘

电脑中的文件都存放在各个磁盘中，因此对磁盘进行维护是非常有必要的。通过磁盘扫描程序，可以检测磁盘是否有错误；当检测到磁盘有错误时，还可以进行修复。其操作步骤如下：

（1）打开"我的电脑"窗口，右击需要扫描检查的磁盘驱动器图标，这里右击 D 盘，在弹出的快捷菜单中选择"属性"命令。

（2）在打开的"本地磁盘(D:)属性"对话框中选择"工具"选项卡，在"查错"

栏中单击【开始检查】按钮，如图 12-1 所示。

（3）在打开的如图 12-2 所示的对话框中选中"自动修复文件系统错误"和"扫描并试图恢复坏扇区"复选框，以便磁盘扫描程序在进行扫描的过程中自动修复文件系统的错误和坏扇区，单击【开始】按钮。

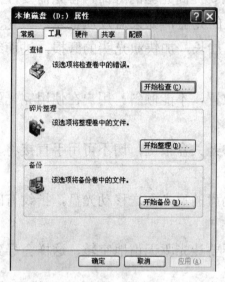

图 12-1

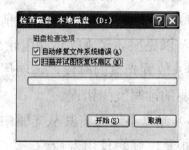

图 12-2

（4）系统开始扫描磁盘，扫描结束后，在打开的提示对话框中单击【确定】按钮即可完成该磁盘的扫描。接下来再用同样的方法检查其他磁盘驱动器。

12.2.2　清理磁盘

电脑在使用一段时间后，如果没有对垃圾文件和临时文件进行清理，会占用很大一部分系统资源，减少磁盘的可用空间，因此应经常对磁盘进行清理。下面以清理 C 盘为例进行介绍，其操作步骤如下：

（1）单击【开始】→【所有程序】→【附件】→【系统工具】→【磁盘清理】命令，打开"选择驱动器"对话框。

（2）在"驱动器"下拉列表框中选择要清理的磁盘驱动器，这里选择 "（C:）"选项，如图 12-3 所示，然后单击【确定】按钮，系统开始清理磁盘。

（3）在清理过程中将打开如图 12-4 所示的"（C:）的磁盘清理"对话框，在"要删除的文件"列表框中带"/"标记的为要删除的文件，在"描述"栏中将显示其相关描述性文字，单击【确定】按钮。

（4）在打开的提示对话框中单击【确定】按钮，继续进行磁盘的清理工作，直到清理结束。接下来再用同样的方法清理其他磁盘上的垃圾文件和临时文件。

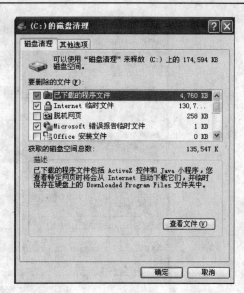

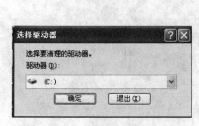

图 12-3　　　　　　　　　　　　　图 12-4

12.2.3　整理碎片

在电脑的日常使用过程中，由于对文件进行频繁的复制和删除等操作，存储在硬盘上的信息就可能变成存储碎片，这样就造成了同一个文件的所有数据并没有连续存放，而是被分段存放在不同存储单元中。当硬盘中的碎片越来越多时，就会延长文件读写时间、增加硬盘的读写次数并大大降低系统的效率。此时使用 Windows XP 系统自带的磁盘碎片整理程序，即可整理硬盘中的碎片文件。下面以整理 D 盘的碎片为例进行介绍，其操作步骤如下：

（1）单击【开始】→【所有程序】→【附件】→【系统工具】→【磁盘碎片整理程序】命令，启动磁盘碎片整理程序。

（2）在打开的"磁盘碎片整理程序"窗口中选择需要整理的驱动器，这里选择"(D:)"选项，如图 12-5 所示，然后单击【分析】按钮，系统会自动对 D 盘进行分析。

（3）分析完毕后，系统将打开如图 12-6 所示的对话框，提示该磁盘是否需要进行碎片整理。

（4）如果系统提示用户应该整理该磁盘上的碎片，单击【碎片整理】按钮，系统便会开始对所选磁盘进行整理。

（5）碎片整理完成后将打开一个提示对话框，提示用户已完成碎片的整理。单击查看报表按钮，可以查看整理后的碎片文件是否已被清除；单击【关闭】按钮结束碎片整理。

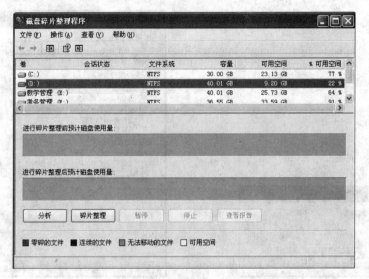

图 12-5

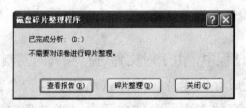

图 12-6

12.3 系缆的日常维护

操作系统是电脑运行的软件平台，做好对系统的日常维护可提高系统的稳定性，使用户使用起来更加流畅。对系统的维护主要包括管理开机启动项、整理磁盘碎片和清理垃圾文件等。

12.3.1 数据备份

用户在使用电脑的时候，常常会将一些重要的文件保存在硬盘中。在对系统进行维护时，应定期备份重要数据，以免在电脑出现故障后造成不必要的损失。

（1）单击【开始】→【所有程序】→【附件】→【系统工具】→【备份】命令，打开【备份或还原向导】对话框，单击【下一步】按钮，如图 12-7 所示。

（2）选择【备份文件和设置】单选按钮，单击【下一步】按钮。

（3）选中【让我选择要备份的内容】单选按钮，单击【下一步】按钮，如图 12-8 所示。

（4）选择要备份的内容，在【要备份的项目】下拉列表框中选择 C 盘根目录的【重要数据】文件夹复选框，单击【下一步】按钮，如图 12-9 所示。

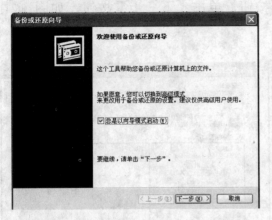

图 12-7

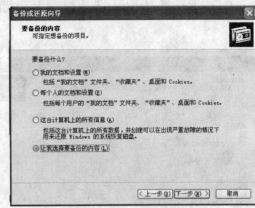

图 12-8

（5）单击【浏览】按钮，选择备份文件的保存位置，然后单击【下一步】按钮。在选择备份文件的保存位置时应注意，不要选择与文件保存在硬盘同一个分区中，如图 12-10 所示。

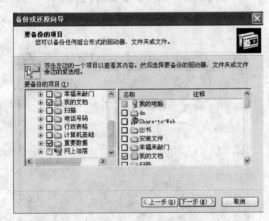

图 12-9

图 12-10

（6）单击【完成】按钮，打开【备份速度】对话框。

（7）开始备份文件操作，在对话框中显示备份操作进度条。

（8）备份操作完成后，显示备份报告信息，单击【关闭】按钮完成备份操作。

12.3.2 数据的还原

用户在使用电脑的时候，常常会将一些重要的文件保存在硬盘中。在对系统进行维护时，应定期备份重要数据，以免在电脑出现故障后造成不必要的损失。

（1）单击【开始】→【所有程序】→【附件】→【系统工具】→【备份】命

令，打开【备份或还原向导】对话框，单击【下一步】按钮，如图 12-11 所示。

（2）选中【还原文件和设置】单选按钮，单击【下一步】按钮，如图 12-12 所示。

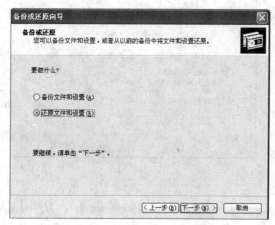
图 12-11

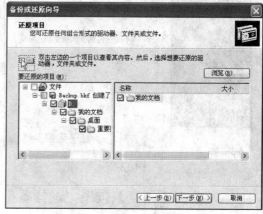
图 12-12

（3）选择所需还原的文件，单击【下一步】按钮。单击【完成】按钮，如图 12-13 所示。

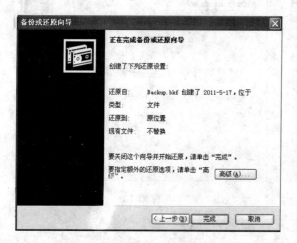
图 12-13

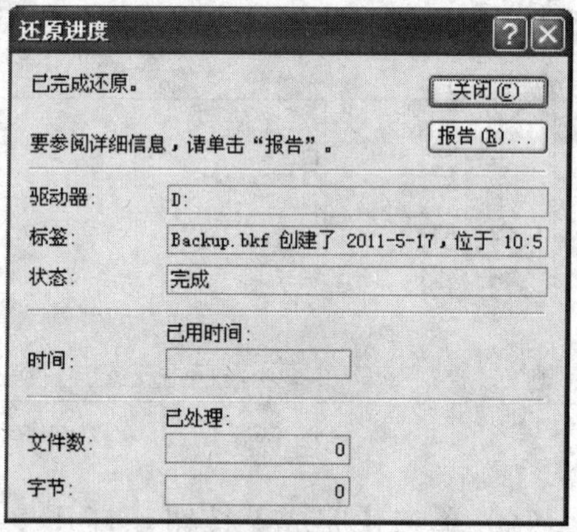

图 12-14

（4）开始还原文件操作，在对话框中显示还原操作进度条，如图 12-14 所示。

（5）还原操作完成后，显示还原报告信息，单击【关闭】按钮即可完成还原数据操作。

如果不想将文件还原到原始位置，可以单击【高级】按钮，在打开的对话框中自定义文件的还原位置。

12.3.3 创建系统还原点

在使用计算机时，应定期为操作系统创建还原点，这样当系统出现故障时，可以快速将其恢复到还原点处的设置，避免重新安装系统。

（1）单击【开始】→【所有程序】→【附件】→【系统工具】→【系统还原】命令，打开【系统还原】对话框，如图 12-15 所示。

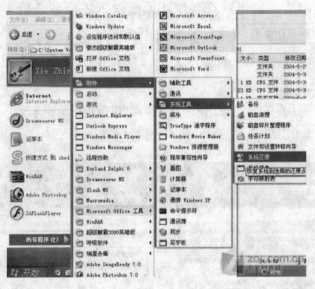

图 12-15

（2）选中【创建一个还原点】单选按钮，单击【下一步】按钮，如图 12-16 所示。

图 12-16

（3）在【还原点描述】文本框中输入该还原点的相关描述，以便以后识别，然后单击【创建】按钮。

（4）还原点创建完成后，记录创建该还原点的时间，便于用户对启动进行维护，然后单击【关闭】按钮即可创建系统还原点。

12.3.4 系统还原

创建系统还原点后，可以进行系统还原操作，还原系统后，在 C 盘所执行的所有操作将被还原，其他盘符执行的操作不变。

（1）单击【开始】→【所有程序】→【附件】→【系统工具】→【系统还原】命令，打开【系统还原】对话框。

（2）选中【恢复我的计算机到一个较早的时间】单选按钮，然后单击【下一步】按钮，如图 12-17 所示。

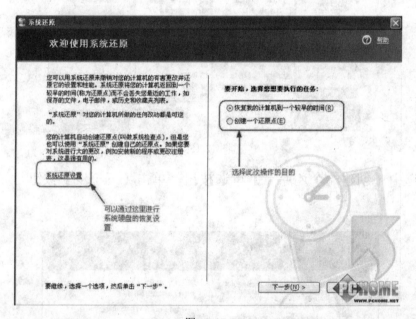

图 12-17

（3）选择一个还原点，单击【下一步】按钮，如图 12-18 所示。

（4）单击【下一步】按钮即可开始恢复系统操作。

12.3.5 备份注册表

注册表是操作系统的大脑，注册表若出现错误常常会导致系统崩溃。备份 Windows 系统的注册表信息，在注册表被破坏时，利用备份的资料恢复计算机的正常状态。

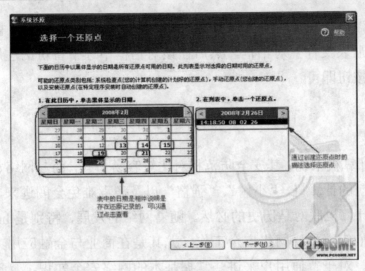

图 12-18

　　（1）单击【开始】按钮，弹出【开始】菜单，选择【运行】命令，打开【运行】对话框，在【打开】文本框中输入 reqedit 命令后，单击【确定】按钮，打开【注册表编辑器】对话框，如图 12-19 所示。

　　（2）单击【文件】→【导出】命令，打开【导出注册表文件】对话框，如图 12-20 所示。

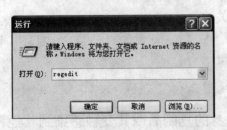

图 12-19　　　　　　　　　　　　　　　图 12-20

　　（3）在【导出注册表文件】对话框中指定注册表文件的备份路径和文件名后，在【导出范围】选项区域中选中【全部】单选按钮，然后单击【保存】按钮即可备份当前注册表信息。

　　（4）完成注册表信息的备份工作后，如果用户要利用备份的注册表文件恢复计算机注册表，可以在【注册表编辑器】对话框中单击【文件】→【导入】命令，打开【导入注册表文件】对话框，然后在该对话框中选中备份的注册表文件后，单击【打开】按钮即可。

12.4　电脑病毒的防范

对于单个计算机来说，其安全防范相对比较容易一些，而与网络相连的计算机就像是打开了门的计算机，"小偷"、"强盗"以及病毒难免会闯进来，我们当然不能因噎废食，计算机联网是历史的必然。随着网络的发展，特别是 Internet 进入千家万户时，我们应该做好网络安全工作。尤其是在商业与金融应用方面。安全是网络的生命线。对于普通用户来讲，掌握基本的网络安全知识，管理好自己的计算机不受侵犯。

12.4.1　什么是电脑病毒

电脑病毒是一个程序，一段可执行码，对电脑的正常使用进行破坏，使得电脑无法正常使用甚至整个操作系统或者电脑硬盘损坏。就像生物病毒一样，电脑病毒有独特的复制能力。电脑病毒可以很快地蔓延，又常常难以根除。它们能把自身附着在各种类型的文件上。当文件被复制或从一个用户传送到另一个用户时，它们就随同文件一起蔓延开来。这种程序不是独立存在的，它隐蔽在其他可执行的程序之中，既有破坏性，又有传染性和潜伏性。轻则影响机器运行速度，使机器不能正常运行；重则使机器处于瘫痪，会给用户带来不可估量的损失。通常把这种具有破坏作用的程序称为电脑病毒。因此，电脑病毒已成为威胁计算机系统及信息安全的重要因素，引起社会各界的广泛关注。

12.4.2　电脑病毒的特性

1. 感染性

电脑病毒具有再生机制，它能够自动地将自身的复制品或其变种感染到其他程序体上。这是计算机病毒最根本的属性，是判断、检测病毒的重要依据。

2. 潜伏性

病毒具有依附于其他媒体的能力，入侵电脑系统的病毒一般有一个"冬眠"期，当它入侵系统以后，一般并不立即发作，而是潜伏下来"静观待机"。当经过一段时间或满足一定的条件后才发作，进行感染和破坏。

3. 可激发性

病毒在一定的条件下接受外界刺激，使病毒程序活跃起来，实施感染，进行攻击。这些条件可能是日期、时间、文件类型或某些特定的数据。

4. 危害性

病毒不仅占用系统资源，甚至使这个计算机网络瘫痪，删除文件或数据，格式化磁盘，降低运行效率或中断系统运行，造成灾难性后果。

5. 隐蔽性

有的病毒有特殊的隐藏本领，使其难以发现，以争取较长的存活时间，从而造成大面积感染，如 4096 病毒。

6. 欺骗性

病毒程序往往采用几种欺骗技术，如脱皮技术、改头换面、自杀技术和密码技术来逃脱检测，使其有更长的时间去实现传染和破坏的目的。

12.4.3 计算机病毒现象

计算机一旦感染病毒，会表现出各种各样的现象，下面罗列一些典型现象，供读者在计算机使用中甄别。

（1）程序加载时间变长，或执行时间比平时长，机器启动和运行速度明显变慢。

（2）文件的建立日期和时间被修改或因病毒程序在计算机中繁殖，使得程序长度加长。

（3）内存空间出现不可解释的变小，可执行程序因内存空间不足而不能加载。

（4）可执行文件运行后，神秘丢失，或产生新的文件。

（5）更改或重写卷标，使磁盘卷标发生变化，或莫名其妙地出现隐藏文件或其他文件。

（6）磁盘上出现坏扇区，有效空间减少。有的病毒为了逃避检测，故意制造坏的扇区，而将病毒代码隐藏再坏扇区内。

（7）没有使用文件复制命令，却发生莫名其妙的文件复制操作，或没做写操作时出现"磁盘有写保护"信息。

（8）屏幕上出现特殊的显示，如出现跳动的小球、雪花、小毛虫、局域闪烁、莫名其妙的提问，或出现一些异常响声。

（9）系统出现异常启动或者莫名其妙地重起，或启动失败，或经常死机。

12.4.4　电脑病毒传播途径

电脑病毒的传染性是电脑病毒最基本的特性之一，是病毒赖以生存繁殖的条件。电脑病毒的传播主要通过文件复制、文件传送等方式进行，主要传播途径有磁盘、光盘和网络。如今 Internet 为计算机病毒的传播提供了新的"高速公路"，已经成为计算机病毒的第一传播途径。

如今对电脑威胁最大的莫过于网络蠕虫病毒了。它利用了 Windows 系统的开放性特点，通过脚本程序调用功能更大的组件来完成自己的功能。蠕虫病毒具有很强的传播性，破坏力很强，有人把蠕虫病毒称为网络的癌症。

与普通病毒不同，蠕虫不需要将其自身附着到某程序文件上，只是占据计算机内存。并且使用网络的连接仅将其自身复制到其他的电脑系统中，"蠕虫"病毒程序能够常驻于一台或多台机器中，并有自动重新定位的能力。假如它能够检测到网络中的某台机器没有被占用，它就把自身的一个拷贝（一个程序段）发送到那台机器。

电子邮件也成了网络病毒最好的载体，病毒依靠电子邮件的"附件"进行传播。病毒的攻击对象可以是和电子邮件程序相关的文件，然后通过电子邮件的再次发送传播到别的机器。由于电子邮件的附件可以附带任何电脑文件，可携带病毒的类型也是多种多样。

"特洛伊木马"是一种专业黑客程序的总称，它也通过电子邮件传播。"特洛伊木马"病毒属于恶性病毒，电脑一旦被感染，就会被黑客操纵，使计算机上的文件、密码毫无保留地向黑客展现，黑客甚至还可以打开和关闭用户计算机上的程序。面对这一切，除了关机毫无办法。Back Orifice 是一种典型的特洛伊木马病毒。黑客将 Back Orifice 隐藏在电子邮件中，并且它的隐蔽性非常好，目标用户在不知情下安装了 Back Orifice，安装后源程序自动消失，以至目标用户被感染后仍不知道。

12.4.5　电脑病毒的防治

在使用电脑的过程中，如果用户能够掌握一些预防电脑病毒的小技巧，那么就可以有效地降低电脑感染病毒的几率。

（1）最好禁止可移动磁盘和光盘的自动运行功能，因为很多病毒会通过可移动存储设备进行传播。

（2）最好不要在一些不知名的网站上下载软件，很有可能病毒会随着软件一同下载到电脑上。

（3）尽量使用正版杀毒软件。

（4）定期更新并升级补丁，因为据统计显示 80%的病毒是通过系统的安全漏洞进行传播的。

（5）对于游戏爱好者，尽量不要登录一些外挂类的网站，很有可能在登录的过程中，病毒已经悄悄地侵入电脑系统。

（6）如果病毒已经进入电脑，应该及时将其清除，防止其进一步扩散。

（7）共享文件要设置密码，共享结束后应及时关闭。

（8）对重要文件应形成习惯性备份，以防遭遇病毒的破坏造成意外损失。

（9）定期使用杀毒软件扫描电脑中的病毒，并及时升级杀毒软件。

12.4.6 使用 360 安全卫士

360 安全卫士是一款很不错的系统保护软件。相对于专门的杀毒软件而言，它的功能比较多，不仅可以查杀病毒，还可以查杀木马程序以及恶意软件，对电脑进行实时保护，甚至管理和升级系统中安装的软件和程序等。

1. 查杀病毒

使用 360 安全卫士，查杀电脑中的病毒、木马程序和对恶评插件等进行防护。其操作方法如下：

（1）启动 360 安全卫士，默认打开的是【常用】窗口，单击【查杀流行木马】选项卡，打开该选项卡窗口，如图 12-21 所示。

（2）单击【快速扫描木马】链接，开始快速扫描电脑中的木马程序此时有可能需要下载并更新增强模块，您可以等待下载完毕，也可以单击【跳过更新直接检测木马】按钮跳过更新。

（3）扫描完成后，显示木马程序，选中要删除的木马程序对应的复选框，单击【立即清除】按钮，即可删除木马，如图 12-22 所示。

（4）返回【常用】窗口，单击【清理恶评插件】选项卡，打开该选项卡窗口。

（5）单击【开始扫描】按钮，开始扫描电脑中的恶评插件。

（6）完成扫描后，在窗口左侧的【全部插件】列表框中显示了扫描结果，当前电脑中没有恶评插件，但扫描到有 7 个其他插件，可以单击【其他插件】选项，显示扫描的插件。

（7）选中要清理的插件对应的复选框，例如【百度工具栏】、【迅雷下载组件】等插件，然后单击【立即清理】按钮，即可清理插件，如图 12-23 所示。

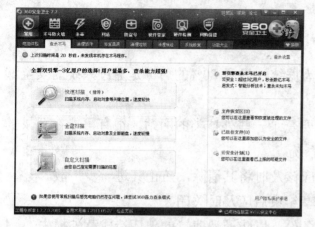

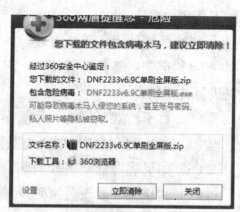

图 12-21   图 12-22

图 12-23

"恶评插件"又称为"流氓软件"、"恶意软件"等，它是一种介于病毒和正规软件之间的软件。如果电脑中被植入了恶评插件，则在使用电脑上网时，有可能不断弹出广告窗，让自己的鼠标无所适从；当用户打开网页时却变成不相干的奇怪画面，甚至是黄色广告。

2. 启动实时保护功能

360 安全卫士的实时保护功能，从木马病毒的来源、执行权限、执行后的拦截等各个层次，全方位捍卫系统安全。

（1）启动 360 安全卫士后，单击【实时保护】按钮，打开【360 实时保护】窗口。

（2）单击所需启动的实时保护功能选项右侧的【开启】链接，即可启动该选项实时保护功能，如图 12-24 所示。

（3）值得注意的是，其中 ARP 防火墙防护选项，需要在重新启动后才能生效，单击该选项后的【开启链接】，则会立即弹出一个提示框，在该提示框中单击【立即重启】按钮，待重新启动电脑后方可设置成功。

开启实时保护功能后，在【通知栏】会显示 360 安全卫士实时保护图标。

3. 下载和安装装机必备软件

360 安全卫士还提供了装机必备软件下载，不同专门搜索这些软件，直接利用 360 安全卫士即可下载或升级这些软件，并且 360 安全卫士会实时更新和添加最新的软件。

（1）启动 360 安全卫士，单击【装机必备】按钮，打开【360 软件管理】窗口。

（2）单击所需下载或升级的软件右侧的【下载】或【升级】按钮，例如升级暴风影音、千千静听、迅雷等。单击该软件右侧的【升级】按钮，如图 12-25 所示。

图 12-24

（3）自动连接并下载升级程序，在窗口下方显示下载进度，下载完成后即可安装程序。

360 安全卫士还有许多其他功能，例如修复 IE 浏览器、在线杀毒、修复系统漏洞等，如图 12-26 所示。

图 12-25

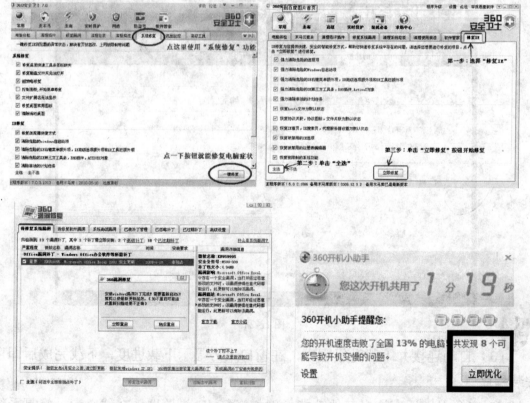

图 12-26

参 考 文 献

[1] 孔祥亮. 老年人学电脑入门与进阶[M]. 北京：清华大学出版社，2010.

[2] 九州书源. 老年人学电脑上网[M]. 北京：清华大学出版社，2009.

[3] 游祝，吴佳. 电脑入门：全民学电脑（2008 最新版）[M]. 山东：齐鲁电子音像出版社，2008.

[4] 杰创文化. 一看即会——中老年学电脑[M]. 北京：科学出版社，2011.

[5] 孙祥虎. 老年人如何学电脑[J]. 老年教育（长者家园），2008(10).

[6] 华诚科技. 中老年人学电脑入门到精通捷径[M]. 北京：机械工业出版社，2011.

[7] 天歌. 老年人电脑入门的技巧和方法[J]. 金秋，2009(4).

[8] 明友. 外行学电脑与上网人入门到精通：老年版[J]. 老同志之友，2011(6).

[9] 柴俊霞. 社区计算机课程的策划及实践探讨[J]. 北京宣武红旗业余大学学报，2011(1).

[10] 杨文勇. 老年计算机教育的教学方法刍议[J]. 职大学报，2003(2).